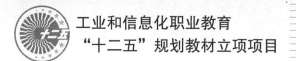

工业和信息化职业教育
"十二五"规划教材立项项目

中等职业教育
改革发展示范学校创新教材

U0318000

设备维修基础

Repairment Technology of Equipment

◎ 谭志全 主编

◎ 屈雪花 彭志勇 副主编

◎ 肖建章 王晋波 主审

人民邮电出版社

北 京

精品系列

图书在版编目（CIP）数据

设备维修基础 / 谭志全主编. -- 北京：人民邮电
出版社，2016.7
中等职业教育改革发展示范学校创新教材
ISBN 978-7-115-36956-7

Ⅰ. ①设… Ⅱ. ①谭… Ⅲ. ①工程设备－维修－中等
专业学校－教材 Ⅳ. ①TB4

中国版本图书馆CIP数据核字(2014)第224934号

内 容 提 要

本书共 10 个任务，主要内容包括设备维修安全、灯泡回路组成及检测、电烙铁钎焊、风扇控制回路、直流电动机的控制、投币器与传感器的应用、信号检测与自动控制、砂轮机原理与维护保养、机床双速主轴控制、数控机床的维护与保养等。

本书以工作过程为导向，采用项目教学的方式组织内容，每个项目均来源于生活和工厂的典型案例，可操作性强。每个任务内容主要由课前导读、情景描述、任务实施、活动评价、相关知识、知识拓展等环节组成。

本书可作为中、高等职业技术学院数控技术、维修电工、机电一体化、机械制造及自动化类等专业的教材，也可作为相关工作人员的参考书。

◆ 主　　编　谭志全
　　副主编　屈雪花　彭志勇
　　主　　审　肖建章　王晋波
　　责任编辑　刘盛平
　　责任印制　焦志炜

◆ 人民邮电出版社出版发行　　北京市丰台区成寿寺路 11 号
　　邮编　100164　　电子邮件　315@ptpress.com.cn
　　网址　http://www.ptpress.com.cn
　　北京艺辉印刷有限公司印刷

◆ 开本：787×1092　1/16
　　印张：8.75　　　　　　　　　2016 年 7 月第 1 版
　　字数：221 千字　　　　　　　2016 年 7 月北京第 1 次印刷

定价：24.00 元

读者服务热线：(010) 81055256　印装质量热线：(010) 81055316
反盗版热线：(010) 81055315

"科学技术是第一生产力"，科技往往有众多设备的支撑。随着机电一体化技术的迅猛发展，在生产活动中，各种通用机器、非标设备都广泛出现并发挥着重要作用。现代设备渗透着机械和电气等方面的综合技术，这也对维修类技能人才提出了要求。

为此，我们根据职业教育发展的需求，编写了《设备维修基础》这本书。该书适合各类职业院校相关专业学生的基础入门，主要帮助学校培养数控机床保养与维护、机电设备保全、非标机器设计等人才提供知识基础和技能支撑，使学员既有一定的动手能力，又有一定的分析和解决实际问题的能力，为设备维修行业人才培养奠定基础。

本书以设备维修职业特点为导向，在学习任务上通过仔细斟酌设立了 10 个任务模块，主要原则是取材容易、实用性强、可操作性好。本书编写时努力引导教学采用"工学一体化"模式，教学活动主要表现为先"做"、再"学"，然后又"做"的模式。实践证明，通过这种模式可大大增强学生的学习兴趣和主动性。

当然，对于工学一体化模式最重要的是教学设计。在传统的教学方法设计中，主要是老师先讲，然后学生去做，这种教学方式对于学生来说有点被动，学生能动性的发挥受到限制。但是工学一体化教学模式要求不一样，它是要充分调起学生的主动性，强化学生的角色，弱化教师的角色，培养学生自主学习解决问题的能力。

本书建议教学时数为 100 学时，其中讲授 29 课时，实践 71 课时，各任务参考课时具体分配如下：

章　　节	课程内容	课时分配	
		讲授	实践训练
任务一	设备维修安全	2	2
任务二	灯泡回路组成及检测	3	5
任务三	电烙铁钎焊	2	6
任务四	风扇控制回路	4	8
任务五	直流电动机的控制	4	8
任务六	投币器与传感器的应用	2	6
任务七	信号检测与自动控制	4	8
任务八	砂轮机原理与维护保养	2	10
任务九	机床双速主轴控制	2	10
任务十	数控机床的维护与保养	4	8
课时总计		29	71

　　本书由广东省高级技工学校谭志全主编，屈雪花和彭志勇任副主编，王姝英参编，肖建章和王晋波担任主审。其中，谭志全主要负责任务一～任务四的编写；屈雪花负责任务五～任务七的编写，彭志勇负责任务八～任务十的编写。全书由谭志全统稿。本书在编写过程中得到了学校数控技术系多位同事的大力帮助，在此深表谢意。

　　限于编者水平，书中难免存在一些不完善乃至错误之处，敬请广大读者给予批评指正。

编　者

2016 年 2 月

目录 CONTENTS

设备维修安全

有人这样比喻：一个人的安全和健康是"1"，事业、爱情、家庭、金钱、职位等都是1后面的零。一旦没有了1，后面的零全都没有意义了。

安全第一，预防为主！

安全生产，人人有责！

安全——一生的保障，永恒的旋律。

■ **本任务学习目标**

1. 深刻认识安全的重要性。

2. 学会规避危险的基本方法——危险预知与标准化作业。

3. 遵守安全操作规程。

■ **本任务建议课时**

中职班：4　　高职班：4

■ **本任务工作流程**

1. 课前导读，进入学习状态。

2. 检查讲评学生完成导读工作页情况。

3. 情境引入。

4. 结合图片，组织学生学习血泪铸成的安全事故案例。

5. 学习电工维修操作规程等知识。

6. 认识案例警示牌，进行要点讲解。

7. 学习标准化作业方法，练习危险预知的方法。

8. 学习拓展知识，并对本任务学习综合测试。

9. 测试结束后，组织学生填写活动评价表。

10. 小结学生学习情况。

■ **任务教学准备**

案例相关图片资料及课件、安全用具（安全带、安全帽）、铝合金人字梯、万用表、试电笔、危险预知训练空白卡片等。

■ **课前导读**

安全标志知多少——看图识物。请根据常识或查询资料，在表 1-1 右栏中写出每个标志的含义或名称。

表 1-1　　　　　　　　　　　　常见安全相关标志

序　号	图　片	含义/名称
1		
2		
3		
4		
5		
6		
7		
8		
9		
10		
11		
12		

【参考选项】

当心伤手、必须戴防护眼镜、当心机械伤害、必须戴安全帽、禁止合闸、质量安全、高温注意、禁止触摸、必须系安全带、禁止吸烟、注意安全、高压危险。

■ 情景描述

情景一 **安全帽的故事**

落了山的夕阳透过维修班的窗棂，将一抹暖暖的红色，恬静地涂在器物架上那一对并排放置的安全帽上。周围静悄悄的。

安全帽甲轻轻地碰了一下身边的安全帽乙："才来的？兄弟……"

安全帽乙若有所思地点了点头，回应道："是的。"

"怎么回事？"甲又问。

"这不，受伤啦！"安全帽乙指了指自己额上的那个豁口。

"哦！能说说吗？"甲追问。

"嗯。"安全帽乙说，"昨天我的主人戴着我去车间，刚走到车间的大门入口时，遇到了一阵狂风，本来向内开启的铁门瞬间向我们扇了过来，一声沉闷的撞击后，角钢做的门边打在我的前额上……这不缺了一块，但我护住了主人！"

"你呢？"乙开始反问。

安全帽甲转了个身，这时看到它的身后有一个硬币大小的三角口。安全帽甲说："这是前几天的事，我的主人在设备现场工作时，一不小心滑了一跤，后脑重重地磕到了设备上……我被坚硬的金属棱角撞了一个洞，庆幸的是，主人安然无恙。"

话音刚落，四周响起了掌声，这是不远处的安全带、防护手套发出的……

落日余晖下的两个安全帽，羞涩地摆了摆手，脸色愈加红了。

安全帽甲说："这是我们的责任啊！"安全帽乙赞许地点了点头，补充道："既然主人与我们形影不离、亲密无间，关键时刻我们就应牺牲自己，保护好他们。"

情景二 **生命高于一切、责任重于泰山**

了解表 1-2 中的安全事故，深刻认识安全的重要性。

表 1-2　　　　　　　　　　　痛定思痛，警钟长鸣

	2004 年 4 月，一电信线路维护工在南京市玄武区童卫路从窨井下作业完后爬出窨井时，因没有向四周观看，被一辆疾驰而来的面包车撞到头部，当场死亡
	某现场混凝土浇注坍塌，人是挖出来了，可是生命已经消失

续表

	高层建筑装修吊篮中间断裂
	黄岛油库事故——违章动火造成的火灾 时间：1989 年 8 月份 着火时间 5 天 4 夜 12 辆消防车被烧毁 死亡 19 人（消防官兵 14 人） 重伤 100 多人（消防官兵 70 人） 直接经济损失 3500 万元
	由于违章操作，手臂进入加工机械内造成事故

■ 任务实施

任务实施 1　标准化（规范化）作业的意义

一个企业，特别是大型企业，对作业进行标准化有什么意义呢？请思考并填写表 1-3。

表 1-3　　　　　　　　　　　　标准化作业的意义

序　号	标准化作业的意义
1	
2	
3	
4	
5	

任务实施 2　标准化作业的实施

现在要对车间大型三相壁扇进行保养，内容包括清洗、上油等。请参考相关资料，试完成一份标准作业书，以供指导实践。

任务实施 3　危险预知训练

一位操作师傅打算一个人将油桶放到台秤上去，如图 1-1 所示。试用所学知识，填写一份危险预知卡片（见表 1-4）。

图 1-1   往台秤上滚油桶

表 1-4   危险预知训练卡

第 1 步   （潜藏着怎样的危险？）发现/预知潜藏危险，设想危险原因与可能引起的现象

第 2 步   （这是危险点）对发现的危险中的重要危险标上 "○"，更进一步锁定，对那些觉得特别重要的危险点标上 "◎"（2 项左右）和下画线（波浪线）

○◎	序号	设想危险原因与现象（事故形式），按 "因为……做……会成为……" 来书写
	1	
	2	
	3	
	4	
	5	
	6	
	7	

第 3 步   （如果是你怎么做）思考为了解决危险点◎有可能执行的具体对策

第 4 步   （我这样做）

锁定重点实施项目（※标记），为了更进一步实践它设定团队行动目标

◎标记序号	※标记	具体对策（对策内容）	◎标记序号	※标记	具体对策（对策内容）
团队行动目标 （对……做……打算……）					
项目达成一致 （确认）					

任务实施 4   电工安全牌使用

电工安全牌操作练习，掌握挂牌与摘牌制度，养成良好的习惯。

■ 活动评价

根据分组，任务实施活动结束后按表 1-5 进行综合考核。

表 1-5　　　　　　　　　　　　　　设备维修安全考核表

课程名称		设备维修基础	学习任务		T01　设备维修安全	
学生姓名			工作小组			
评分内容	分值	自我评分		小组评分	教师评分	得分
危险预知	15					
标准化作业	15					
安全牌的作用	30					
团结协作	10					
劳动学习态度	10					
安全意识及纪律	20					
权重		15%		25%	60%	总分：
总体评价	个人评语：					
	教师评语：					

■ 相关知识

相关知识 1　电工安全操作规程

（1）遵守电工作业一般规定。

（2）不准在设备运转过程中拆卸修理，必须停车并切断设备电源，按安全操作程序进行工作。

（3）临时工作中断后或每班开始工作前，都必须重新检查电源是否确已断开，并验明是否无电。

（4）每次维修结束时，必须清点所带工具、零件，以防遗失和留在设备内造成事故。

（5）由专门检修人员修理电气设备时，双方要进行登记。完工后要作好交待并共同检查，然后方可送电。

（6）动力配电箱的闸刀开关，禁止带负荷拉开。

（7）带电装卸熔断器管时，要戴防护眼镜和绝缘手套，必要时使用绝缘夹钳，站在绝缘垫上。

（8）熔断器的容量要与设备和线路安装容量相适应。

（9）电气设备的外露可导电部分必须可靠地与电网 PE 线连接，零线与地线必须分开。接地线截面要符合标准，维修时应全面检查。

（10）安装螺口灯头时，开关必须接在相线上，灯口螺纹必须接在零线上。

（11）临时装设的电气设备必须符合临时接线规程。

（12）动力配电盘、配电箱、开关、变压器等各种电气设备的附近，不准堆放各种易燃、易爆、潮湿和其他影响操作的物件。

（13）使用梯子时，梯子要有防滑措施，踏步应牢固无裂纹。梯子与地面之间的角度以 75°为宜。没有搭勾的梯子在工作中要有人扶住梯子。使用人字梯时拉绳必须牢固。

（14）使用喷灯时，油量不得超过容积的 3/4，打气要适当。不得使用漏油、漏气的喷灯。不准在易燃物品附近点燃或使用喷灯。

（15）电气设备发生火灾时，要立即切断电源。不能切断电源时，使用四氯化碳或二氧化碳灭火器灭火，严禁用泡沫灭火器或水灭火。

相关知识 2 电气维修基本措施

1. 隔离

设法隔离带电的电气设备或线路，使维修人员不易碰触。

（1）设置警告标示。明确标示电气危险场所，必要时可加护围或上锁，并禁止未经许可之人员进入。

（2）设法隔离。电气机具的带电部分有接触的可能时，可加设护围、护板或架高使人不易碰触；接近无被覆的高压架空电线附近作业时，应保持安全距离，并安排监视人员监视、指挥或设置护围等。

2. 设备及线路绝缘

保持或加强电气线路及设备的良好电气绝缘状态。

（1）加强电气线路或设备绝缘。电气线路或设备的裸露带电部分有接触之虞时，应施以绝缘被覆如橡胶套、绝缘胶带等加以保护。

（2）防止电气线路或设备遭受外来因素（如高温、潮湿、尘埃、紫外线、腐蚀气体及机械力等）破坏其绝缘性能。应使用适合该场所的电气线路或设备，或将其装置在特殊的防潮箱、防腐蚀箱、防尘箱或金属管内。

（3）加强电气线路或设备使用时的绝缘。可使用绝缘台、绝缘毯。

3. 使用安全防护具

作业者穿戴电气绝缘用防护具或使用活线作业用器具及装备。譬如，穿戴绝缘手套、绝缘鞋、绝缘护肩及电工安全帽等；使用绝缘棒、绝缘工具及绝缘作业用工程车等。

图 1-2 所示为一电工在移动式施工架上作业，请分析其危险性。

4. 接地

接地是将电气设备的金属制外箱（壳）等目的物以导体与大地作良好的电气连接，保持目的物与大地同电位。然而实际上当漏电事故发生时，经常因漏电电流流经设备接地电阻而产生地电位涌升的问题，以及一般设备接地的第三种接地电阻要比电源系统接地的特种接地电阻低是较困难的，因此有时并不能完全达到人体安全防护的要求。如果要使接地能充分发挥防止触电的功能，建议应配合其他安全防护装置（如漏电断路器、接地继电器等）一起使用。但对诸如变电所等高电压场所，如以适当的接地网来实施接地时，却是防止因漏电引起触电的有效方法，另外接地亦是防止因高电压引起静电感应的主要方法。图 1-3 所示为电气设备的金属外壳接地与未接地的示例。

图 1-2　电工在移动式施工架上作业

图 1-3　金属外壳接地与未接地的区别

5．安全保护装置

安全保护装置泛指一切施加于电路或设备上的保安装置，其目的主要在于发生漏电时，能自动侦测出漏电而切断电路或发出警报信号。安全保护装置包括常见的漏电断路器、漏电警报器、接地继电器及在 TN 供电系统（电源的中性点直接接地，负载设备的金属外壳用接地线与该接地点连接）所使用的过载保护器（如无熔丝开关、过载继电器、过载断路器等），及装设于交流电焊机上的自动电击防止装置，或在接近带电体（带电线路或设备）时能自动侦测带电体并发出信号的预警装置等。

相关知识 3　安全警示牌

1．安全警示牌

安全牌又叫安全警示牌，常见的如图 1-4 所示。

图 1-4　常见的安全警示牌

问：以上安全警示牌各有什么作用呢？

2．设备保全安全牌

在企业，为保证安全生产，安全牌具有重要的意义。有些企业专门为设备保全设计了安全牌，如图1-5所示。

图1-5　设备保全安全牌

3．设备保全安全牌使用原则

（1）安全牌由个人管理，需要填写必要事项（所属、姓名、联系方式等），让人知道持有者。

（2）安全牌要贴在电源、动力源开关上或者动力源的阀门等位置，提示其他作业人员禁止操作的部分。

（3）张贴的安全牌由各人亲自取下并携带。严禁代为他人取下安全牌！

（4）当贴有他人的安全牌时，严禁启动运转。

相关知识4　标准化作业

标准化作业是指遵守与目标一致的品质、交期和成本，并且能够确保安全的最佳作业方法，是确立自我工作岗位的最佳标准。

在制订作业标准时，操作动作应首先满足"安全第一"原则，另外应满足如下4条经济原则。

1．减少动作数量

（1）消除动作本身（衔接动作、不自然的动作、作业本身的浪费）。

（2）减少动作次数（辅助动作）。

2．动作同时进行

（1）两手同时动作（对照性的动作易做）。

（2）减少等待（作业量的平衡）。

3．缩短动作距离。

（1）来回走→站立着→肩→胳膊→前胳膊→手→手指。

（2）将曲线变直线移动。

4．让动作轻松

（1）除去制约动作的因素。

（2）减轻重量（利用重力、导向）。

相关知识 5　危险预知

1．意识水平与危险水平的关系

危险预知是重视安全、防患未然的初期体现，通过危险预知训练可以大大提升作业者对危险的感受性，主要是因为人的安全意识与危险度往往并存，但是其特征水平往往不尽相同，处于一定波动的范围。

通常，意识水平与危险水平之间有如图 1-6 所示的关系。

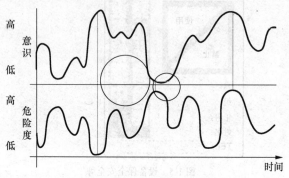

图 1-6　意识水平与危险水平的关系

判断： 图 1-6 中，任意时刻对应的虚线越长代表越不容易碰上事故。（　　　）

2．危险预知四步推进法（见表 1-6）

表 1-6　　　　　　　　　　　　　危险预知推进法

准备	团队组成	团队人员：3～4 名 职责分担：团队领导指名
导入	领队致辞	解说图的散发或者确认现象状况
按步实施，领队做时间管理		
1	把握现状 潜藏着怎样的危险	解说图中危险原因处标上"○"及对现象（事故形式）作记录（提取 3～5 个项目）
2	追求本质 这是危险	（1）讨论危险点　（全员） （2）锁定为单项重点的内容项目将其"○"标记改为"◎" 提示：因为……会……
3	树立对策	对重点危险分别针对树立
4	设定目标 我们这样做	（1）设定标有"◎"项目的具体对策，作记录 （3）一致确认 提示：对……做……打算……
确认		行动！
领队集合团队实施以下内容		
发表与反省	各自报告结果	报告内容： （1）危险点 （2）行动目标 （3）确认
	团队内反省	相互提评语
确认	团队确认	（领队决定）

3．案例

为对外部紧急楼梯出口的门进行部分喷漆，要用砂纸进行除锈处理等，如图 1-7 所示。根据危险预知四步推进法，填写出表 1-7 所示的危险预知卡（供参考）。

图 1-7　用砂纸对门进行除锈处理

表 1-7　　　　　　　　　　　　　　危险预知推进示例

第 1 步　（潜藏着怎样的危险？）发现/预知潜藏危险，设想危险原因与可能引起的现象

第 2 步　（这是危险点）对发现的危险中的重要危险标上"○"，更进一步锁定，对那些觉得特别重要的危险点标上"◎"（2 项左右）和下画线（波浪线）

○◎	序号	设想危险原因与现象（事故形式），按"因为……做……会成为……"来书写
○	1	门被风吹得要关上，撑门的左手会被夹住
◎	2	因为踏台靠近扶手、腰的位置高，摇晃时会越过扶手跌落
	3	门被风吹动、踏台摇晃，踩空摔下来（身体撞到扶手）
	4	打算一边用砂纸擦一边改变脚的位置、一脚踩空踏台摔倒
○	5	关上门擦的时候，门被人从内侧推开摔倒
◎	6	因为擦拭时脸贴得较近，风一吹粉沫飞到眼睛中
○	7	踩空踏台踢翻油漆桶，碰到下面的人

第 3 步　（如果是你怎么做）思考为了解决危险点◎有可能执行的具体对策

第 4 步　（我这样做）

锁定重点实施项目（※标记），为了更进一步实践它设定团队行动目标

◎标记序号	※标记	具体对策（对策内容）	◎标记序号	※标记	具体对策（对策内容）
2	※	1．踏台靠墙壁放置	6		1．戴防护眼镜
		2．踏台放于门打开时的内侧		※	2．在上风头作业
		3．系安全带，一头系到扶手			3．脸隔远些，在眼睛下方作业
团队行动目标 （对……做……打算……）		将踏台靠墙放置，并于上风头作业			
项目达成一致 （确认）		（1）踏台靠墙放（确认） （2）行动！（以零工伤进行！）			

■ 知识拓展

脚手架撑架和梯凳

在使用脚手架撑架和梯凳（见图1-8）时，应确认以下事项。

（1）撑架和梯凳所使用材料和结构需满足工程所需强度。

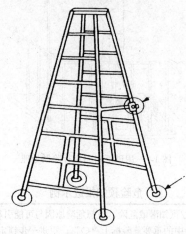

图1-8 脚手架

（2）作为其标准形状和最佳稳定状态，撑架脚支开的宽度与撑架高之比为1∶3时最合适，如果支开幅度过大，受到重物重压时会有被压垮的危险。相反，如果立得过直，则会不稳定容易翻倒。

（3）如果是折叠式脚手架，则需配备相应配件，使撑架脚与水平面的夹角保持在75°以内。在进行重型作业时，在离地2m高处应安装一个搭扣，在离地3.6m高处再安装一个。

（4）梯凳的凳脚下应安装橡胶或其他防滑垫。

（5）在作业前要仔细检查构件是否有损伤、脚蹬是否松动、焊接点是否完好、金属部件的功能、防滑装置及开关保险销配件等是否异常，一切正常后才能开始作业。

（6）使用梯凳时，即使是短时间使用，也应将其放置在比较平稳的地方，并根据作业场所的高度选择合适的梯凳，如果过高会使作业人员处于一种不安全的作业状态。

活动梯子

活动梯子在使用时要注意如下事项。

（1）安装防滑装置（上面是钩子或绳索，下面是橡胶等），并采取其他防止移动的必要措施。

（2）梯子应挂放在相对平直的地方。

（3）梯子上部应高出台面60cm。

（4）梯子与水平面的安装角为75°。

（5）在移动位置时，一定要暂时从梯子上下来后再移动梯子。

（6）在出入口和窗户边作业时，为防止开门或开窗导致梯子翻倒应预留一定空间，同时在有车辆通行和行人往来的场所施工时需派专人看管。

（7）由于在梯子上容易失去身体平衡，作业人员需系保险带、戴安全帽。

知识拓展 3　活动塔架

活动塔架指在脚手架的底部安装上轮子，使其能随意移动，主要用于不定点的高空作业。使用时特别注意如下事项。

（1）构件的连接部分和固件部分要确实固定住。

（2）作业场所的地板需全部铺设完毕，同时为防止振动和其他原因导致其轻易脱落，应用金属丝进行固定。

（3）设立高 90cm 以上的扶手。

（4）安装有脚轮的移动式脚手架需装有刹车、制动器等，使脚手架在作业时不能随意移动。

（5）在移动塔架时，需首先确认上部与地面状态，以及是否有障碍物等，作业人员必须从塔架上下来后方能移动。

（6）在移动塔架时，需配置专门人员，并由工程负责人进行指挥。

知识拓展 4　高空作业

由于在进行天花板的配管配线施工时无法使用梯凳、梯子和活动梯子，需根据作业现场的实际情况决定是从地面搭建正规的脚手架，还是从天花板往下悬挂吊式脚手架。

在高空进行移动作业时，需在与肩膀相近的高度安置水平吊线缆，或从高处往下吊挂辅助网，把安全带的套环扣在上面进行作业。

在首次使用安全带时，可用手紧抓横梁或两边的木质支架，然后慢慢增加安全带所承受的体重，检查安全带的伸缩调节器是否有用。

在向高处吊送材料或从高处向下运送材料时，需用专用运输网或运输袋，不能进行抛接（见图 1-9）。

图 1-9　高空作业禁止抛接

另外，不需要马上使用的材料、工具等不要提前往上运送，可在需要使用时再进行运送，以防堆放在高处发生坠落而造成损失。

知识拓展 5 **"三不违"和"四不伤害"**

为保证生产安全，常有如下原则。

三不违：不违章指挥，不违章作业，不违反劳动纪律。

四不伤害：不伤害自己，不伤害他人，不被他人伤害，保护他人不受伤害（见图1-10）。

1.不伤害自己

不伤害自己就是要提高自我保护意识，不能由于自己的疏忽、失误而使自己受到伤害。

2.不伤害他人

他人生命与你的一样宝贵，不应该被忽视，保护同事是你应尽的义务。

3.不被他人伤害

人的生命是脆弱的，变化的环境蕴含多种可能失控的风险，你的生命安全不应该由他人来随意伤害。

4.保护他人不受伤害

任何组织中的每个成员都是团队中的一分子，要担负起关心受护他人的责任和义务。

图1-10　四不伤害

知识拓展 6 **扑救火灾的一般原则**

当火灾发生时，应当迅速灭火，否则大火无情，后果不堪设想。基本的灭火方法有减少空气中氧含量的窒息灭火法、降低燃烧物质温度的冷却灭火法、隔离与火源相近可燃物质的隔离灭火法、消除燃烧过程中自由基的化学抑制法等。但是不管用哪种方法，都要特别注意以下几条原则。

（1）报警早，损失小；

（2）边报警，边扑救；

（3）先控制，后灭火；

（4）先救人，后救物；

（5）防中毒，防窒息；

（6）听指挥，莫惊慌。

在公共场合，按规定都会配备最基本的消防设施，其中跟火息息相关的一种是灭火器。灭火器是我们司空见惯的装备，你真的会用吗？请看图1-11所示的使用方法。

图 1-11　灭火器的使用方法

安全，是我们从事所有工作的根本保证，请牢牢记住以下三点。

（1）时时牢记安全、事事考虑安全、处处注意安全。

（2）安全无小事，预防排第一。

（3）绳子总在磨损的地方折断，事故总在薄弱的环节出现。

苍蝇专盯有缝的蛋，
　　事故专找大意的人。

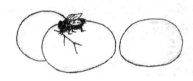

任务二

2 灯泡回路组成及检测

人类自从发现电以来，越来越多地在感受着电给生活带来的便利。可以说，电的使用是人类能源利用史上的一大重要转折点。如今，电已经走进千家万户，与人们衣食住行息息相关。

电，可以给我们带来温暖，也可以给我们带来凉爽；可以带来光明，还可以带来欢乐。然而，电不是万能的。电可以给我们带来便利并延伸成一长长链条，但是突然电出了故障，那么链条可能就会崩溃。设想：在一个祥和的夜晚，室内宽敞明亮，突然一瞬间，伸手不见五指，怎么回事呢？

■ **本任务学习目标**

1. 了解电灯泡回路，建立用回路分析问题的思维方法。

2. 学会回路检测的基本方法。

3. 遵守安全操作规程。

■ **本任务建议课时**

中职班：8　　高职班：8

■ **本任务工作流程**

1. 课前导读，进入学习状态。

2. 检查并讲评学生完成导读情况。

3. 看物识图，引入课题。

4. 结合图片，组织学生讨论回路。

5. 用回路思维补充电路。

6. 灯泡回路安装。

7. 练习回路检测的方法。

8. 学习拓展知识，并对本任务学习综合测试。

9. 测试结束后，组织学生填写活动评价表。

10. 小结学生学习情况。

■ **任务教学准备**

案例相关图片资料及课件、试电笔、万用表、螺丝刀、灯泡、节能灯、墙壁开关、导线等。

■ **课前导读**

电气元件知多少——看图识物。请根据常识或查询资料，在表 2-1 右栏中写出每个元件的名称。

表 2-1 常见电气元件

序　号	图　片	名　称
1		
2		
3		
4	6-QA-70A	
5		
6	BL-5CT NOKIA	
7		
8		
9		
10		
11		

续表

序 号	图 片	名 称
12		
13		
14		

■ 情景描述

开关的怪事

小明有一天发现家里照明灯不能亮了，于是他帮家里检修起电路来。由于其他电器都不能工作，而邻居家电器能正常工作，小明分析后觉得是电源总闸坏了，于是他到房间找了一个电源开关把墙壁上的换了。合上开关再试，结果发现家里电器仍然不能工作。

然后他又用试电笔去测总开关两端。推上开关后，他先用试电笔测开关进线端，测得一根线试电笔有发光，另一根不发光。接下来他又测开关出线端，结果测得的两根线都发光。这时小明就纳闷了：为什么是这样的结果呢？想了许久，仍未想出所以然，于是他去问邻居家的电工师傅，电工师傅跟他讲了一番话后，小明终于舒心地微笑了，并若有所悟地点起了头。你能猜到电工师傅跟小明讲了些什么内容吗？

■ 任务实施

任务实施1 **分门别类**

请结合电路回路基础知识，将"课前导读"表内各元件进行分类，然后将序号填入表 2-2 中。

表 2-2   电气元件分类

序 号	种 类	元件（填序号）
1	电源	
2	负载	
3	导线	
4	开关	

任务实施2 **问题讨论**

（1）一般情况下，电路组成的四部分都是不可或缺的，也就是说一个完整回路必须有电源、负载、开关和导线这四部分。请思考如下问题，填入表 2-3 中。

    ① 回路中缺少开关会怎样？

    ② 回路中缺少电源会怎样？

    ③ 回路中缺少负载会是什么情况？

    ④ 回路中电线某处断线会怎样？

表 2-3　　　　　　　　　　回路分析答题卡

问题序号	答　案
1	
2	
3	
4	

（2）交流接触器在电路中是属于哪一部分呢？

任务实施3　回路补充

一个回路必须完整才能正常工作，图 2-1 所示为一些不完整电路，请将其补充以使回路完整。提示：控制盒（a）补充外围线路，控制盒（b）、（c）、（d）补充内部电路。

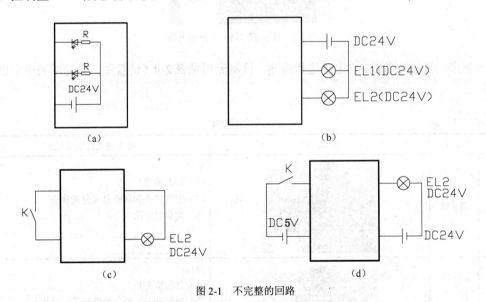

图 2-1　不完整的回路

任务实施4　灯泡电路安装与检测

1. 准备工作

要准备的工具材料有"十"字螺丝刀（3mm、6mm 各一把）、"一"字螺丝刀（3mm）、万用表、导线若干、空气开关、墙壁开关、端子排、灯泡、插头线等。

2. 元件布置与线路安装

利用准备好的工具材料，在板上安装如图 2-2 所示（仅供参考）灯泡回路。

（a）电路实物图

（b）电路示意图

图 2-2　电灯泡控制回路

3．回路检测与调试

按照电路原理图，把电源、负载、导线、开关正确连接并确保完整，线路安装好后如图 2-3 所示。

图 2-3　完整的回路——照明电路

接下来，就是对图 2-3 的电路进行检测。检测流程见表 2-4（请看图，并完成表中空白部分内容）。

表 2-4　　　　　　　　　　　　　电路检测步骤

序号	项目	示　意　图	操作要点与测量结果
1	测负载		要点： （1）静态检测！ （2）空气开关和墙壁开关分断状态 （3）测量灯泡两端 结果：＿＿＿＿＿＿ 目的：＿＿＿＿＿＿
2	测负载		要点： （1）静态检测！ （2）空气开关分断，墙壁开关接通状态 （3）测量灯泡两端 结果：＿＿＿＿＿＿ 目的：＿＿＿＿＿＿
3	电源进线端		要点： （1）静态检测！ （2）空气开关和墙壁开关接通状态 （3）测量空气开关进线端 结果：＿＿＿＿＿＿ 目的：＿＿＿＿＿＿

续表

序号	项目	示 意 图	操作要点与测量结果
4	电源进线端		要点： （1）静态检测！ （2）空气开关接通，墙壁开关分断状态 （3）测量空气开关进线端 结果：_____ 作用：_____
5	测交流电源		要点： （1）接好插头，通电了噢！ （2）空气开关分断，墙壁开关分断状态 （3）测量空气开关进线端 结果：_____ 作用：_____
6	测灯泡		要点： （1）接好插头，通电了噢！ （2）空气开关接通，墙壁开关分断状态 （3）测量灯泡两端 （4）注意安全！ 结果：_____ 作用：_____
7	测灯泡		要点： （1）通电了噢！安全第一！ （2）空气开关接通，墙壁开关接通状态 （3）测量灯泡两端 结果：_____ 作用：_____
8	测零线		要点： （1）有电的噢！安全第一！ （2）空气开关接通，墙壁开关断开状态 （3）测量点：_____ 结果：_____ 作用：_____
9	测零线		要点： （1）通电了噢！安全第一！ （2）空气开关接通，墙壁开关接通状态 （3）测量点：_____ 结果：_____ 作用：_____
10	测开关		要点： （1）带电的噢！安全第一！ （2）空气开关接通，墙壁开关分断状态 （3）测量点：_____ 结果：_____ 作用：_____

续表

序号	项目	示意图	操作要点与测量结果
11	测开关		要点： （1）通电了噢！安全第一！ （2）空气开关接通，墙壁开关接通状态 （3）测量点：_____ 结果：_____ 作用：_____

任务实施5 **用试电笔测试电路**

用试电笔对图 2-4 所示电路进行检测，检测时注意如下要点。

（1）测试点为图 2-4 中标注的点：点"1"、点"2"、点"3"，每点有 2 处！

图 2-4　灯泡电路示意图

（2）在开关为"断开"和"接通"的情况下分开测量。

将测量结果（发光情况：发光，不发光）填入表 2-5，并分析测量结果。

表 2-5　　　　　　　　　　　试电笔发光情况

	点"1"		点"2"		点"3"	
开关断开						
开关接通						

■ **活动评价**

根据分组，任务实施活动结束后按表 2-6 要求进行综合考核。

表 2-6　　　　　　　　　　灯泡回路组成及检测考核表

课程名称		设备维修基础		学习任务	T02　灯泡回路组成及检测	
学生姓名				工作小组		
评分内容	分值	自我评分		小组评分	教师评分	得分
电气元件分类	15					
电路回路补充	15					
回路的检测	30					
团结协作	10					
劳动学习态度	10					
安全意识及纪律	20					
权重		15%		25%	60%	总分:
总体评价	个人评语:					
	教师评语:					

■ 相关知识

相关知识 1　典型照明电路

图 2-5 所示为一个常见照明电路。

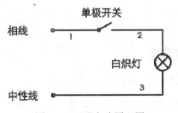

图 2-5　照明电路原理图

这个电路虽简单,却也"五脏俱全"。它包括相线、中性线、开关、白炽灯和电线。在分析电路时,人们常把电路回路从结构上分成四个部分:电源、负载、开关和导线,各部分功能如下。

● 电源 ●	● 负载 ●
电源,是回路中的"生产者",属于回路的"动力"部分,它为整个回路的运行提供能量	负载,是回路中的"消费者",它是将电能转换成其他形式能量(如内能、机械能等)的装置
● 开关 ●	● 导线 ●
开关,是回路中的"信号员",有了它,才能使整个回路受控,控制负载的"作"与"息"	导线,是回路中的"纽带",它在回路中起一个连接元件和输送电能的作用

相关知识 2　试电笔的使用

试电笔(见图 2-6)也叫测电笔,简称"电笔"。它是一种电工工具,用来测试电线中是否带电。笔体中有一氖泡,测试时如果氖泡发光,说明导线有电,或者为通路的火线。试电笔中笔尖、笔尾为金属材料制成,笔杆为绝缘材料制成。使用试电笔时,一定要用手触及试电笔尾端的金属部分,否则,因带电体、试电笔、人体与大地没有形成回路,试电笔中的氖泡不会发光,造成误判，认为带电体不带电，查不出安全隐患。试电笔种类有很多，常见种类如下。

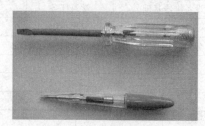

图 2-6 试电笔

1. 按照测量电压的高低分

高压测电笔：用于 10kV 及以上项目作业时用，为电工的日常检测用具。

低压测电笔：用于线电压 500V 及以下项目的带电体检测。

弱电测电笔：用于电子产品的测试，一般测试电压为 6～24V。为了便于使用，电笔尾部常带有一根带夹子的引出导线。

2. 按照接触方式分

接触式试电笔：通过接触带电体，获得电信号的检测工具。通常形状有一字螺丝刀式（兼试电笔和一字螺丝刀用）和钢笔式（直接在液晶窗口显示测量数据）。

感应式试电笔：采用感应式测试，无须物理接触，可检查控制线、导体和插座上的电压或沿导线检查断路位置，可以极大限度地保障检测人员的人身安全。

■ 知识拓展

知识拓展 1 常用导线的选择

常用导线种类有很多，按线芯材料分有铝芯线和铜芯线；按线芯数量分为单股导线和多股导线；按颜色分又有黄色、绿色、红色等；按品牌、截面积、绝缘层材料分类更是繁多。在此主要阐述导线选择的常见指标。

（1）颜色：按属性选择。

◆ 火线：黄色、绿色、红色；

◆ 零线：（淡）蓝色；

◆ 地线：黄绿双色线。

（2）截面积：按材料载流量和负载电流综合选择。

◆ 铝芯线：3～5A/mm²。

◆ 铜芯线：5～8A/mm²。

另外，导线选择时需要考虑的其他因素还有很多，如负载启动冲击、线路输送距离、环境温度、工作时长等。

选择导线截面积时，不一定是按计算值大小的，因为在行业里电线都是系列化、标准化了的，选择时一般遵循"选大不选小"的原则。市面上导线常见截面系列如下（单位：mm²）：
0.5、0.75、1.0、1.5、2.5、4、6、10、16、25、35、50、70、95、120、150。

在要求不是很高的场合，为快速对导线进行选择，可按如下速算公式（功率电流速算公式）进行估算。

※ 三相电机：2A/kW；

※ 三相电热设备：1.5A/kW；

※ 单相220V：4.5A/kW；

※ 单相380V：2.5A/kW。

知识拓展 2　节能灯

节能灯（见图 2-7）的尺寸与白炽灯相近，其灯座的接口也和白炽灯相同，所以可以直接替换白炽灯。节能灯的正式名称是稀土三基色紧凑型荧光灯，20 世纪 70 年代诞生于荷兰的飞利浦公司。这种光源在达到同样光能输出的前提下，只需耗费普通白炽灯用电量的 1/5 至 1/4，从而可以节约大量的照明电能和费用，因此被称为节能灯。

图 2-7　节能灯

节能灯实际上就是一种紧凑型、自带镇流器的日光灯。节能灯点燃时首先经过电子镇流器给灯管灯丝加热，灯丝开始发射电子（由于在灯丝上涂了一些电子粉），电子碰撞灯管内的氩原子，氩原子碰撞后取得了能量又撞击内部的汞原子，汞原子在吸收能量后跃迁产生电离，灯管内构成等离子态。灯管两端电压直接经过等离子态导通并发出 253.7nm 的紫外线，紫外线激起荧光粉发光。

由于荧光灯工作时灯丝的温度约在 1160K，比白炽灯工作的温度 2200～2700K 低很多，所以它的寿命也得到很大提高，到达 5000h 以上。由于它运用效率较高的电子镇流器，同时不存在白炽灯那样的电流热效应，荧光粉的能量转换效率高，到达每瓦 50lm（流明）以上，所以节约电能。

随着全球各国日益重视节能，在国内的照明领域，节能灯大规模替代传统光源产品的浪潮已经来临。继全球十几个国家和地区陆续发布白炽灯淘汰计划之后，中国也发布了《逐步淘汰白炽灯路线图》。到 2016 年前，国内将分阶段逐步彻底淘汰白炽灯，进而全面引入年可节电 480 亿度的节能灯。"十二五"期间，国内将加大推广绿色照明工程的力度，节能灯市场容量将出现数倍的增长，同时市场发展潜力巨大。2010 年我国节能灯市场总体规模达到 1000 亿元左右。预计到 2015 年，国内节能灯市场规模将达到 5000 亿元以上，年复合增速将达到 38%。

课后练习

1. 用万用表测试节能灯电路

将本任务电路中的电灯泡换成节能灯，然后按步骤重新用万用表进行测量，注意测量结果的区别，并思考原因。

2．故障判断

图 2-8 所示为白炽灯控制电路，现在出现故障：闭合开关，灯泡不亮。小明将万用表打到交流电压挡（500V），测量 5、6 两点，然后用手往复按动开关 K，结果万用表读数一直为 220V。

请问电路故障原因是：_____。

（1）开关 K 在一种状态时，用试电笔分别测量点 1、6 氖灯发光，测量点 2、3、4、5 氖灯不亮；K 在另一种状态时，用试电笔分别测量点 1、4、5、6 氖灯发光，测量点 2、3 氖灯不亮，用万用表电压挡测量点 1、3 有 AC 220V 的电压。请问该情况下灯泡不亮的原因是什么？

（2）用万用表电压挡测量点 1、2 有 AC220V 电压，开关 K 在一种状态下点 5、6 有 AC 220V 电压，开关 K 在另一种状态下点 5、6 还是有 AC 220V 电压。请问该情况下灯泡不亮的原因是什么？

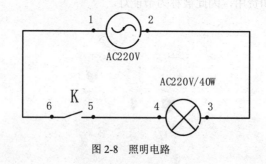

图 2-8　照明电路

3．元件替换

某工地移动照明的灯泡不亮了，通过检查确定是灯泡坏了，你作为该工地的采购员，去采购一个灯泡。为了保证买来的灯泡装上就能达到原来的效果，需要注意些什么？

课后思考

目前新建楼房的供电系统中已经不再使用闸刀开关加瓷座保险丝模式，而是使用一种自动控制的安全电路。当用电负荷过大或发生短路时，电路会自动切断；如果站在地面上的人碰到火线而使火线与大地经人体构成通路，电路也会自动切断，以保护人身安全。小玲家新居中装的就是这样的电路。搬家后，她看到墙上的电源插孔是三线的，为了安装电视机，她买了一个插座板，插在墙上的一个三线插孔中，然后把电视机的插头插在插座板上的插孔内。但是，接通电视机的电源时，室内所有插座全都断电，表明电路自动切断了。到配电箱一看，果然是"跳闸"（总开关自动切断）了。是电视机出了故障，用电量太大了吗？用手把总开关闭合，换其他几个确保正常的用电器插到这个插座板上，直至耗电只有 15W 的小台灯，仍然是这样。但是，把插座板插到墙上其他插孔上，一切正常。

问题可能出在哪里？为什么会出现这样的现象？怎样解决？

任务三

3 电烙铁钎焊

电烙铁钎焊是焊接的一种，它是将焊件和熔点比焊件低的焊料共同加热到锡焊温度，在焊件不熔化的情况下，焊料熔化并浸润焊接面，依靠二者原子的扩散形成焊件的连接。

本任务便是根据焊接所用材料、工具及焊接技巧展开，练就切实的动手能力。练就好此项基本技能，可为以后解决维修问题打下基础。

■ **本任务学习目标**

1．了解电烙铁基本结构和原理。

2．学会电烙铁钎焊的基本方法与注意事项。

3．遵守安全操作规程。

■ **本任务建议课时**

中职班：8　　高职班：8

■ **本任务工作流程**

1．课前导读，进入学习状态。

2．检查讲评学生完成导读工作页情况。

3．情境引入。

4．学习基础知识，认识电烙铁等工具。

5．学习焊接五步法。

6．示范焊接过程。

7．学生练习电烙铁钎焊的方法。

8．学习拓展知识，并对本任务学习综合测试。

9．测试结束后，组织学生填写活动评价表。

10．小结学生学习情况。

■ **本任务教学准备**

案例相关图片资料及课件、电烙铁、插座、焊锡丝、钳子、烙铁架、松香、热缩管等。

■ 课前导读

看图识物。请根据常识或查询资料，在表 3-1 右栏中写出每个元件的名称。

表 3-1　　常见焊接工具与材料

序　号	图　片	名　称
1	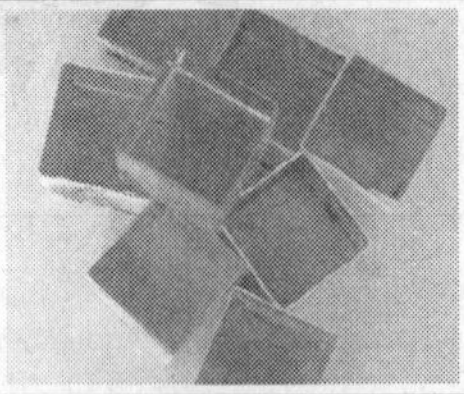	
2	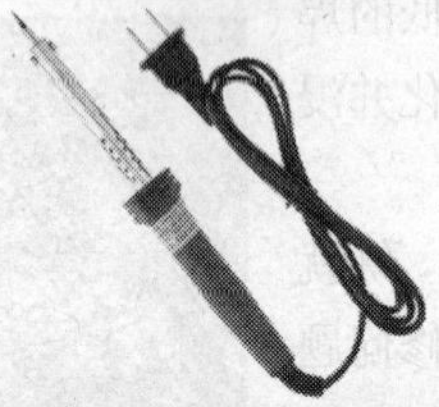	
3	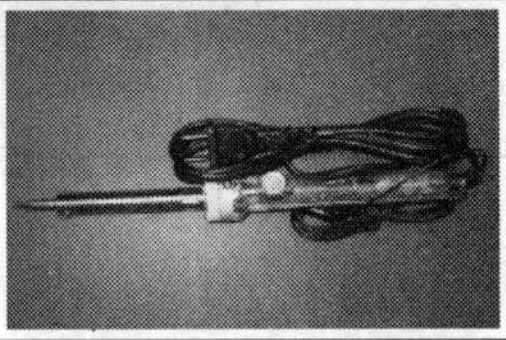	
4	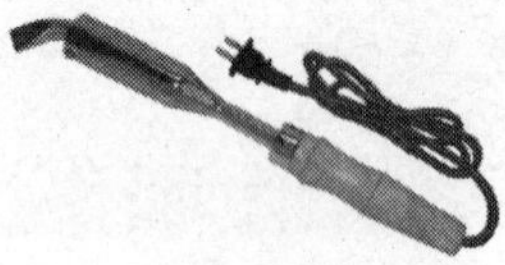	
5	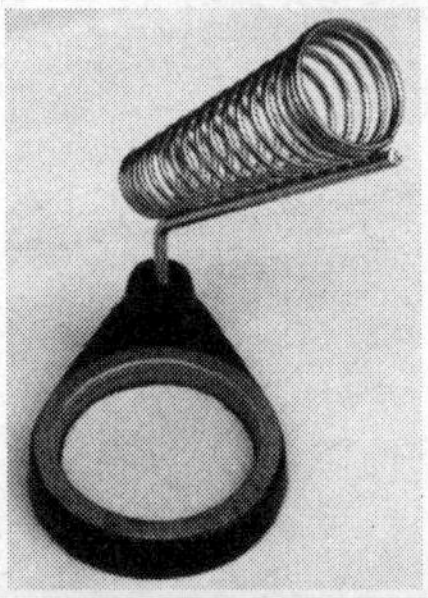	
6	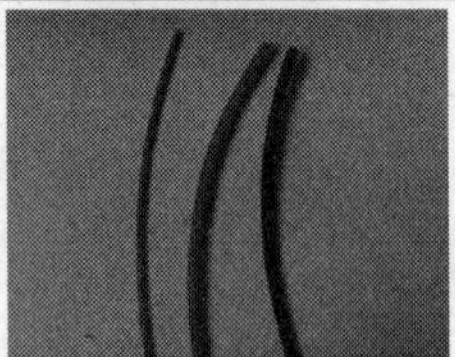	
7	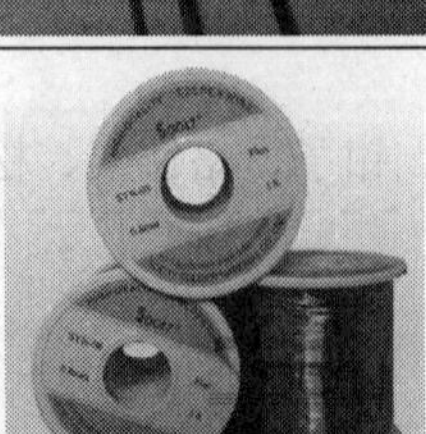	

续表

序 号	图 片	名 称
8		
9		
10	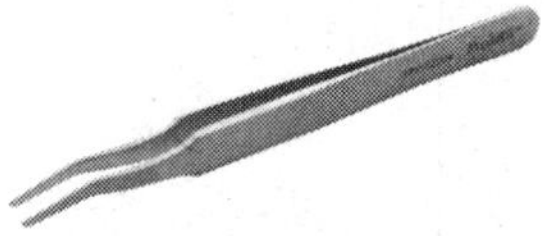	
11	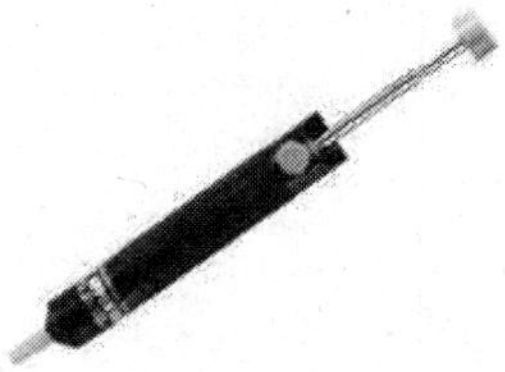	

■ 情景描述

不听话的焊锡

很久以前，小刚就看过电工师傅焊接电路板，将元件和导线牢牢地焊接在电路板上面。他觉得雕虫小技，不以为然。

有一天，小刚发现家里有个小电动玩具坏了，于是拆开检查，结果发现里面有一条红色的导线从电路板焊接处松脱了。小刚用手拿着导线去触碰焊点，玩具又可以工作。找到原因后，抱着试一试的态度，他买来了电烙铁和焊锡丝，拆开玩具进行修复。可是小刚费了九牛二虎之力，折腾了半天都还没焊接好唯一的一条导线，感觉焊锡一点都不听话——焊锡根本"粘"不上焊点与导线！小刚近乎崩溃……

为什么呢？是焊锡不听话吗？焊接有那么难吗？

■ 任务实施

任务实施 航空插头或数据线接头的焊接

利用焊接工具，实践焊接接头。焊接时可以选择机床上常用的航空插头或数据线专用 D 型焊接头，如图 3-1 所示。

图 3-1　焊接用接头

任务实施时可参考表 3-2 所示步骤进行。

表 3-2　　　　　　　　　　　焊接练习参考步骤

步骤	内容	示意图（参考）	操作要点
1	准备工作		准备好必要的工具和材料
2	导线上锡		线头上锡处理，套好热缩管

续表

步骤	内容	示意图（参考）	操作要点
3	接头上锡		接头也做好上锡处理
4	焊接	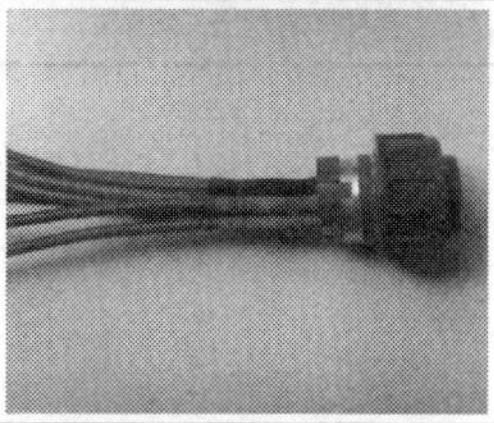	按顺序，一根根焊接好，然后收好热缩管
5	焊接	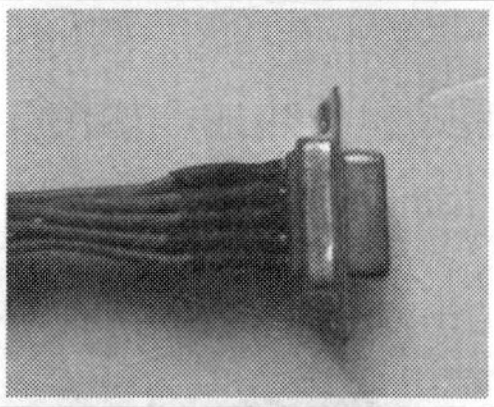	按顺序，一根根焊接好，然后收好热缩管
6	收尾	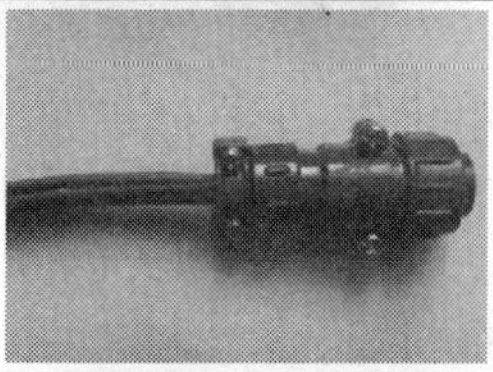	安装好外壳
7	收尾	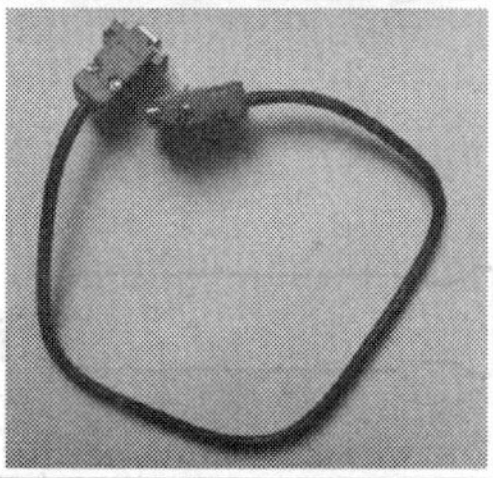	安装好外壳

■ 活动评价

根据分组，任务实施活动结束后按表 3-3 要求进行综合考核。

表 3-3　　　　　　　　　　电烙铁钎焊考核表

课程名称		设备维修基础	学习任务		T03　电烙铁钎焊	
学生姓名			工作小组			
评分内容	分值	自我评分	小组评分		教师评分	得分
认识焊接工具与材料	15					
焊接五步法的掌握	15					
数据线接头的焊接	30					

续表

团结协作	10				
劳动学习态度	10				
安全意识及纪律	20				
权重		15%	25%	60%	总分:
总体评价	个人评语:				
	教师评语:				

■ 相关知识

相关知识 1 **认识电烙铁**

1. 电烙铁结构

电烙铁按加热体与烙铁头的相对位置，分内热式和外热式，如图 3-2 所示。

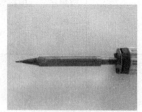 

（a）内热式电烙铁　　　　　（b）外热式电烙铁

图 3-2　电烙铁

电烙铁的典型结构如图 3-3 所示。

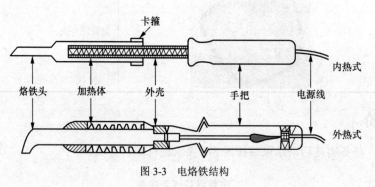

图 3-3　电烙铁结构

从图 3-3 中可知，电烙铁主要由烙铁头、加热体、外壳、手把、电源线等组成。

2. 电烙铁选用

电烙铁的选择应根据被焊物体的实际情况而定，一般重点考虑加热形式、功率大小、烙铁头形状（见图 3-4）等。

（1）按电烙铁加热形式选择。

① 内热式和外热式的选择：相同瓦数情况下，内热式电烙铁的温度比外热式电烙铁的温度高。

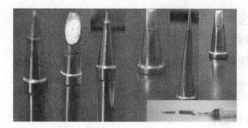

图 3-4　电烙铁烙铁头

② 当需要低温焊接时，应用调压器控制电烙铁的温度，电烙铁的温度与电源电压有密切的关系，实际使用中往往通过调低电源电压来降低电烙铁的温度。

③ 通过调整烙铁头的伸出长度控制温度。

④ 稳定电烙铁温度的方法主要有加装稳压电源，防止供电网的变化；烙铁头保持一定体积、长度和形状；采用恒温电烙铁；室内温度保持恒定；避免自然风或电扇风等。

（2）按电烙铁功率选择。

① 焊接小瓦数的阻容元件、晶体管、集成电路、印制电路板的焊盘或塑料导线时，宜采用 30～45W 的外热式或 20W 的内热式电烙铁。应用中选用 20W 内热式电烙铁最好。

② 焊接一般结构产品的焊接点，如线环、线爪、散热片、接地焊片等时，宜采用 75～100W 电烙铁。

③ 对于大型焊点，如焊金属机架接片、焊片等，宜采用 100～300W 的电烙铁。

相关知识 2　认识焊锡丝

1. 焊锡丝结构

电子元器件焊接使用的焊锡丝，是由锡合金和助焊剂两部分组成，如图 3-5 所示。在焊接时，焊锡丝与电烙铁配合，优质的电烙铁提供稳定持续的熔化热量，焊锡丝以作为填充物的金属加到电子元器件的表面和缝隙中，固定电子元器件成为焊接的主要成分。焊锡丝的组成与焊锡丝的质量密不可分，将影响到焊锡丝的化学性质、机械性能和物理性质。

助焊剂的作用是提高焊锡丝在焊接过程中的辅热传导，去除氧化，降低被焊接材质表面张力，去除被焊接材质表面油污，增大焊接面积。

2. 焊锡丝规格与分类

根据不同的情况，焊锡丝有多种分类的方法。

图 3-5　焊锡丝结构

按金属合金材料不同，可分为锡铅合金焊锡丝、纯锡焊锡丝、锡铜合金焊锡丝、锡银铜合金焊锡丝、锡铋合金焊锡丝、锡镍合金焊锡丝及特殊含锡合金材质的焊锡丝。

按助焊剂的化学成分不同，可分为松香芯焊锡丝、免清洗焊锡丝、实芯焊锡丝、全脂型焊锡丝、单芯焊锡丝、三芯焊锡丝、水溶性焊锡丝、铝焊锡丝、不锈钢焊锡丝。

按熔解温度不同，可分为低温焊锡丝、常温焊锡丝、高温焊锡丝等。

按焊锡丝的直径不同，可分为 0.3mm、0.5mm、0.6mm、0.8mm、1.0mm、1.2mm 等焊锡丝。

3. 无铅焊锡丝

无铅焊锡丝对人危害较小，主要特点如下。

（1）良好的润湿性、导电率、热导率，易上锡。

（2）按客户所需订制松香含量，焊接不飞溅。

（3）助焊剂分布均匀，锡芯里无断助焊剂现象。

（4）绕线均匀不打结，上锡速度快、残渣极少。

相关知识 3 　**手工焊接五步法**

1．电烙铁握法

为了人体安全，一般电烙铁离开鼻子的距离以 30cm 为宜。电烙铁握法有下面 3 种。

（1）反握法（见图 3-6（a））动作稳定，长时间操作不宜疲劳，适合于大功率电烙铁的操作。

（2）正握法（见图 3-6（b））适合于中等功率电烙铁或带弯头电烙铁的操作。

（3）一般在工作台上焊印制板等焊件时，多采用握笔法（见图 3-6（c））。

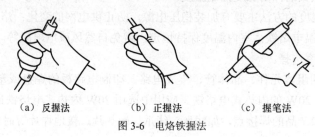

（a）反握法　　　　　（b）正握法　　　　　（c）握笔法

图 3-6　电烙铁握法

2．焊锡丝基本拿法

焊接时，一般左手拿焊锡丝，右手拿电烙铁。焊锡丝一般有两种拿法。

进行连续焊接时采用图 3-7（a）所示的拿法，这种拿法可以连续向前送焊锡丝。

图 3-7（b）所示的拿法在只焊接几个焊点或断续焊接时适用，不适合连续焊接。

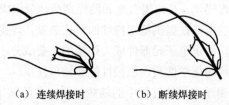

（a）连续焊接时　　　　　（b）断续焊接时

图 3-7　焊锡丝拿法

3．焊接五步法

焊接五步法是手工焊接中的一种重要方法，掌握此法意义重大。具体操作步骤见表 3-4。

表 3-4　　　　　　　　　　　　　　　　焊接五步法

步骤	名称	示意图	操作要点
1	施焊准备		烙铁头和焊锡丝靠近被焊工件并认准位置，处于随时可以焊接的状态，此时保持烙铁头干净

续表

步骤	名称	示 意 图	操作要点
2	加热焊件		将烙铁头放在工件上进行加热,烙铁头接触热容量较大的焊件
3	熔化焊锡		将焊锡丝放在工件上,熔化适量的焊锡。在送焊锡丝过程中,可以先将焊锡丝接触烙铁头,然后移动焊锡丝至与烙铁头相对的位置,这样做有利于焊锡丝的熔化和热量的传导。此时注意焊锡丝一定要润湿被焊工件表面和整个焊盘
4	移开焊锡丝		待焊锡充满焊盘或焊锡丝——用量达到要求后,应立即沿着元件引线的方向向上提起焊锡丝
5	移开烙铁		焊锡丝的扩展范围达到要求后,拿开烙铁。注意撤烙铁的速度要快,撤离方向要沿着元件引线的方向向上提起

注意 正确的焊点是光洁的圆锥体形,大小适中。

■ 知识拓展

知识拓展 1　元件引脚成形

元器件在印制板上的排列和安装有两种方式,一种是立式,另一种是卧式。元器件引脚弯成的形状应根据焊盘孔的距离不同而加工。加工时,注意不要将引脚齐根弯折,一般应留 1.5mm 以上,弯曲不要成死角,圆弧半径应大于引脚直径的 1～2 倍,如图 3-8 所示。弯折时要用工具保护好引脚的根部,以免损坏元器件。同类元件要保持高度一致。各元器件的符号标志向上(卧式)

或向外（立式），以便于检查。

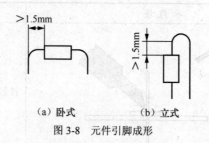

图 3-8　元件引脚成形

知识拓展 2　**元件的插装**

根据元件的成形种类，插装方式也有如下两种。

（1）卧式插装。卧式插装是将元器件紧贴印制电路板插装，如图 3-9（a）所示，元器件与印制电路板的间距应大于 1mm。卧式插装法元件的稳定性好、比较牢固、受振动时不易脱落。

（2）立式插装。立式插装的特点是密度较大、占用印制板的面积少、拆卸方便。电容、三极管、DIP 系列集成电路多采用这种方法，如图 3-9（b）所示。

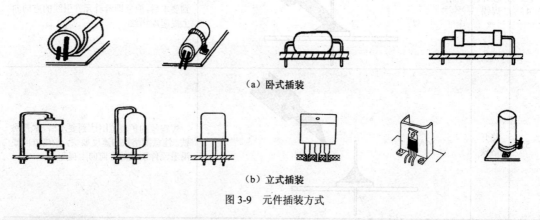

（a）卧式插装

（b）立式插装

图 3-9　元件插装方式

知识拓展 3　**焊接质量的检查**

1. 焊接质量检查方法

检查焊接质量常用的方法是目视检查和手触检查。

（1）目视检查：就是从外观上检查焊接质量是否合格。有条件的情况下，建议用 3～10 倍放大镜进行目视检查。目视检查的主要内容如下。

① 是否有错焊、漏焊、虚焊。

② 有没有连焊，焊点是否有拉尖现象。

③ 焊盘有没有脱落，焊点有没有裂纹。

④ 焊点外形润湿是否良好，焊点表面是不是光亮、圆润。

⑤ 焊点周围是否有残留的焊剂。

⑥ 焊接部位有无热损伤和机械损伤现象。

（2）手触检查：在外观检查中发现有可疑现象时，采用手触检查。主要是用手指触摸元器件有无松动、焊接不牢的现象，用镊子轻轻拨动焊接部或夹住元器件引脚，轻轻拉动观察有无松动现象。

2．不良焊点常见表现（见图3-10）

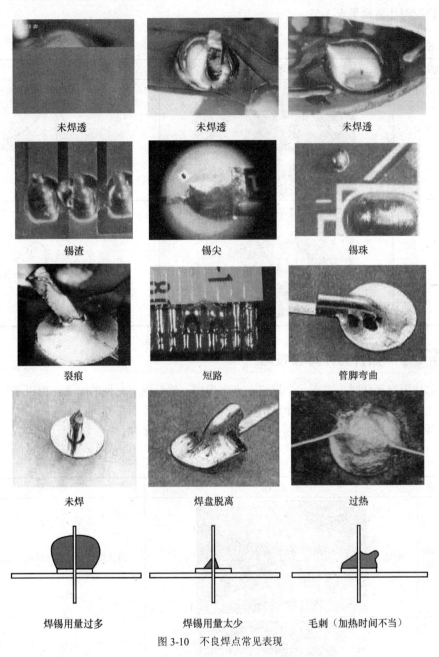

图 3-10　不良焊点常见表现

3．良好焊点的标准

一个焊接良好的焊点应当符合下列标准。

（1）具有一定的机械强度，即引脚不会松动。

（2）具有良好的导电性，即焊点的电阻接近零。

（3）有一定的外形，即形状为微凹呈缓坡状的半月形，近似圆锥。

（4）锡点光滑，有金属光泽。

（5）锡连续过渡到焊盘边缘，与被焊接元件焊接良好。

焊接情况对比案例见表3-5。

表3-5 焊接情况对比

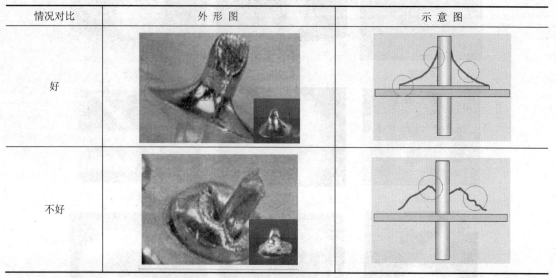

情况对比	外 形 图	示 意 图
好		
不好		

知识拓展 4　贴片元件焊接技巧

　　焊接贴片阻容元件时，先在一个焊盘上点上焊锡，然后放上元件的一头，用镊子夹住元件，焊上一头之后，看看是否放正了；如果已放正，就再焊上另外一头即可。

　　如果是焊接贴片IC（集成电路），则可参考表3-6进行操作。

表3-6 贴片元件焊接过程

步骤	名称	示 意 图	操作要点
1	焊前准备		清洗焊盘，然后在焊盘上涂上助焊剂
2	对角线定位		定位好芯片，点少量焊锡到尖头烙铁上，焊接两个对角位置上的引脚，使芯片固定而不能移动

续表

步骤	名称	示意图	操作要点
3	平口烙铁拉焊		使用平口烙铁,顺着一个方向烫芯片的引脚。注意力度均匀,速度适中,避免弄歪芯片的引脚。另外注意先拉焊没有定位的两边,这样就不会产生芯片错位。也可以再涂抹一些助焊剂在芯片的引脚上面,如此更好焊
4	用放大镜观察结果		焊完之后,检查一下是否有未焊好的或者有短路的地方,适当修补
5	酒精清洗电路板		用棉签蘸酒精擦拭电路板,主要是将助焊剂擦拭干净即可

电烙铁在操作时有高温,有一定的危险性,所以在使用时要特别注意以下事项。

（1）电烙铁使用时,不可敲击或甩锡渣,以免烫伤自己或别人。

（2）焊接完毕后,不要擦去烙铁头上的焊锡丝,这样可以防止烙铁头氧化。

（3）烙铁头使用时间过久,会出现尖端弯曲、空洞（见图 3-11）等,焊接时会出现熔锡丝困难、划板等现象,此时应及时更换新的,否则将影响焊接质量和效率。

图 3-11　烙铁头空洞

（4）离岗时应将电烙铁放回烙铁架中,远离可燃物并关闭电源,以免引起火灾等。

（5）新的烙铁头应加上一层焊锡,烙铁头使用后也应加一层锡,以免因氧化而降低烙铁头使用寿命。

（6）电烙铁使用前应在海绵上擦拭并检查有无问题,若发现烙铁头有空洞要更换,有脏物要清洗干净。

（7）烙铁头温度高低直接影响到焊点的质量和元件的使用寿命，焊接中要注意温度的控制。

（8）焊接时要注意身体的姿势，不正确的姿势会导致劳累或危害（见图3-12）。

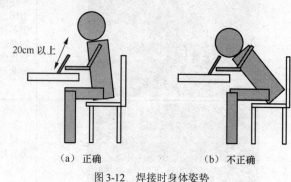

（a）正确 （b）不正确

图3-12 焊接时身体姿势

课后思考

焊锡丝中间往往会有松香等助焊剂成分，如果没有，是纯金属，焊接时会有什么困难呢？

任务四 **4**

风扇控制回路

电风扇简称电扇或风扇，是一种利用电动机驱动扇叶旋转，来达到使空气加速流通的家用电器，主要用于清凉解暑和流通空气，广泛用于家庭、办公室、商店、医院和宾馆等场所。电扇主要由扇头、风叶、网罩和控制装置等部件组成。扇头包括电动机、前后端盖和摇头送风机构等。

■ **本任务学习目标**

1. 了解电风扇基本结构和原理。
2. 学会风扇检修的基本方法与保养要求。
3. 遵守安全操作规程。

■ **本任务建议课时**

中职班：12　　高职班：10

■ **本任务工作流程**

1. 课前导读，进入学习状态。
2. 检查讲评学生完成导读工作页情况。
3. 情境引入。
4. 学习风扇相关基础知识。
5. 学习单相电机工作原理。
6. 学习风扇拆装与保养。
7. 学生练习风扇电路故障排除。
8. 学习拓展知识，并对本任务学习综合测试。
9. 测试结束后，组织学生填写活动评价表。
10. 小结学生学习情况。

■ **本任务教学准备**

案例相关图片资料及课件、电风扇、万用表、大小螺丝刀、试电笔、钳子、电机润滑油、移动插座等。

■ **课前导读**

看图识物。请根据常识或查询资料，在表 4-1 右栏中写出每种风扇的名称和作用。

表 4-1 常见风扇

序号	图片	名称和作用
1	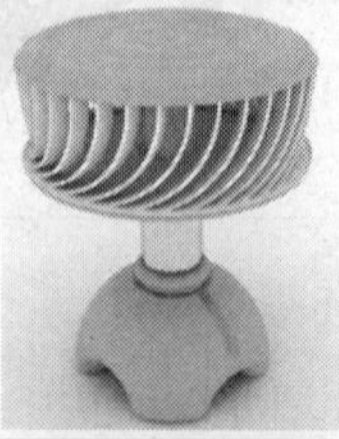	
2	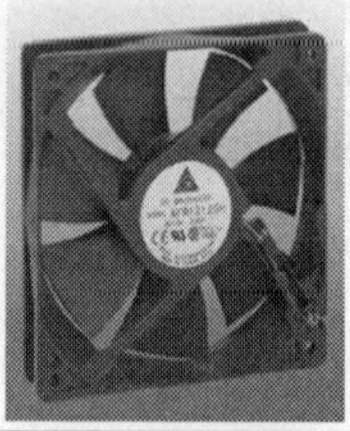	
3	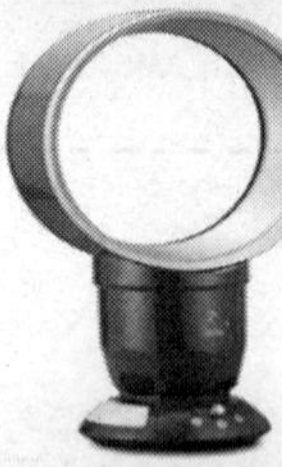	
4	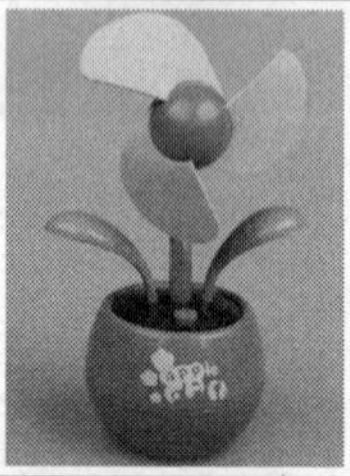	
5	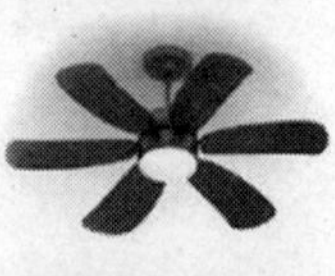	
6	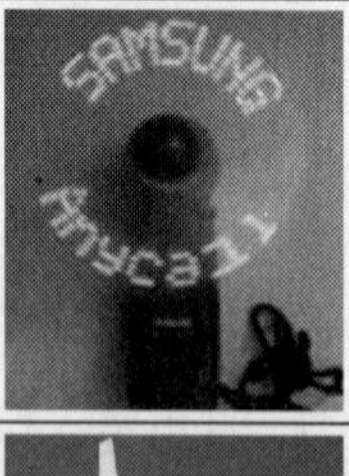	
7	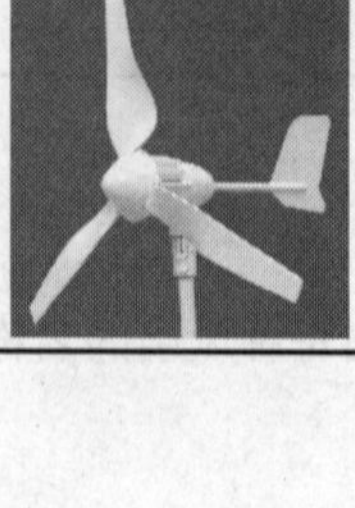	

■ 情景描述

没力气的风扇

　　小明家有一台风扇，已经用了近两年，最近他发现风扇出了一点问题：风扇转动时的速度明显比以前慢了一些，感觉风量很小，特别是如果启动时打到低速挡，风扇启动非常困难。小明很想自己动手修好它，可是他不清楚问题原因，更加不清楚用什么方法去检查它。

　　你能帮帮他吗？

■ 任务实施

任务实施 1　　填一填

　　观察图 4-1 结构，分别有什么作用呢？请写在框内。

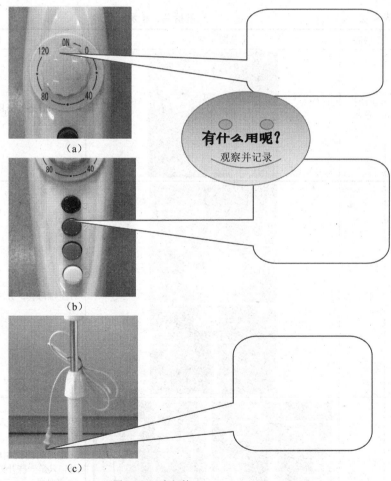

（a）

有什么用呢？
观察并记录

（b）

（c）

图 4-1　风扇部件

任务实施 2　　风扇拆装、检测与保养

　　根据生活经验和基础技能，实践家用电风扇的拆装、检测与保养。动手前准备好必要的工具、材料，如图 4-2 所示。

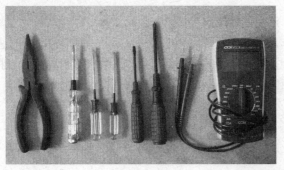

图 4-2　工具和材料

本任务以家用风扇为例，实施过程可参考表 4-2 步骤。

表 4-2　　　　　　　　　　　　　　风扇拆装、检测与保养

步骤	内容	示意图（参考）	操作内容
1	拆防护罩和扇叶		利用合适的旋具，按正确顺序，拆下风扇前防护罩、叶片、后防护罩
2	分离支撑杆		用螺丝刀松开止动螺钉，再用手旋松支撑杆上螺母套，分离底板与风扇电机
3	检查控制电路		电风扇的控制电路比较简单，除电机之外，只是一些开关和保险之类的，拆开后应注意观察

续表

步骤	内容	示意图（参考）	操作内容
4	观察风扇电机	 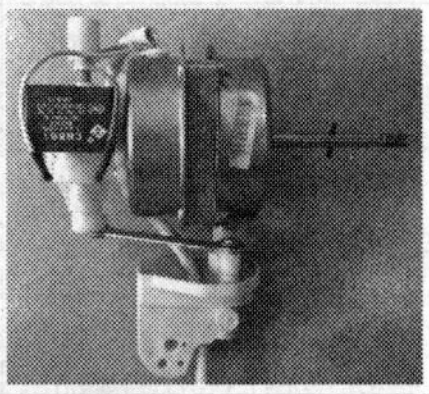	小心打开电机后盖，观察电机外围电路和元件
5	检测调速按键	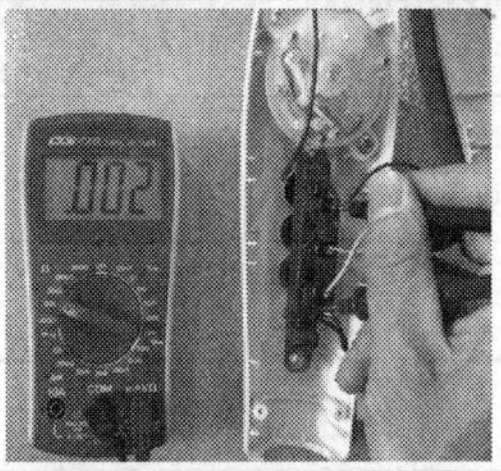	把万用表打到电阻挡，检测琴键开关，并仔细观察读数
6	检测定时开关	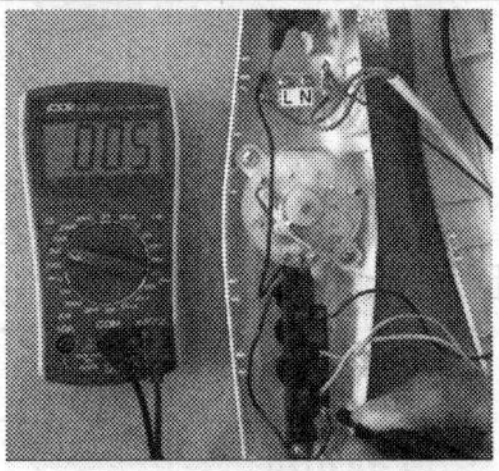	检测时旋动定时开关，看开关是否正常
7	检测电容器		去掉电容器导线表面绝缘层，用万用表的电容挡测量电容器容量值，判断与标称容量是否接近
8	检查电机		用手轻轻来回转动风扇转轴，判断其运转是否灵活自如
9	注油保养		如果电机转动困难，则要选用电机专用润滑油对风扇电机进行保养，加油时注意不要加到指定以外的位置
10	回装	按照拆卸相反顺序把风扇装回，注意细小部件的安装	

任务实施3 **风扇故障检修**

电风扇最常见故障之一是叶片不转，本任务以此为例，表 4-3 列举了部分原因，请在右栏内写出检修对策。

表 4-3 风扇叶片不转的故障原因和检修对策

序　号	故障原因	检修对策
1	保养差，长期缺乏润滑油。关闭电源，然后拨动风叶，如果旋转僵硬的话，基本上就是没有润滑油了	
2	用了久了引起的磨损。如果一台风扇用久了，电机就会损耗，电机的轴套磨损后会很容易烧掉	
3	过热引起的风扇不转。在电机内有过热断路器，如果线圈绕组发生短路，会让发热量短时间内增加，这样情况下电机就会"罢工"不动了	
4	启动电容容量变小。当风扇用久了，电容容量会降低，导致电机启动转矩变小，无法带动负载	
5	电气的故障问题，如线路损坏等	

■ 活动评价

根据分组，任务实施活动结束后按表 4-4 进行综合考核。

表 4-4 风扇控制回路考核表

课程名称	设备维修基础		学习任务	T04　风扇控制回路	
学生姓名			工作小组		
评分内容	分值	自我评分	小组评分	教师评分	得分
单相电机工作原理	20				
电风扇拆装与保养	20				
电风扇故障排除	20				
团结协作	10				
劳动学习态度	10				
安全意识及纪律	20				
权重		15%	25%	60%	总分：
总体评价	个人评语：				
	教师评语：				

■ 相关知识

相关知识 1　认识电风扇

1. 电风扇的起源

机械风扇起源于 1830 年，一个叫詹姆斯·拜伦的美国人从钟表的结构中受到启发，发明了一种可以固定在天花板上，用发条驱动的机械风扇。这种风扇转动扇叶带来的徐徐凉风使人感到凉爽，但得爬上梯子去上发条，很麻烦。

1872年，一个叫约瑟夫的法国人又研制出一种靠发条涡轮启动，用齿轮链条装置传动的机械风扇，这个风扇比拜伦发明的机械风扇精致多了，使用也方便一些。

1880年，美国人舒乐首次将叶片直接装在电动机上，再接上电源，叶片飞速转动，阵阵凉风扑面而来，这就是世界上第一台电风扇。

2．电风扇降温原理

电风扇的主要部件是交流电动机，其工作原理是通电线圈在磁场中受力而转动。

电风扇工作时，电能转化为机械能，同时由于线圈电阻和铁芯涡流，因此不可避免地有一部分电能要转化为热能。假设房间与外界没有热传递，室内的温度不仅没有降低，反而会升高。但人们为什么会感觉到凉爽呢？

原因有二：一是流动的空气能够带走皮肤周围的热空气；二是因为人体的体表有大量的汗液，当电风扇工作起来以后，室内的空气会流动起来，所以就能够促进汗液的快速蒸发，而蒸发需要吸收大量的热量，故人们会感觉到凉爽。

3．风扇使用保养

（1）使用前应详细阅读使用说明书，充分掌握电风扇的结构、性能及安装、使用和保养方法及注意事项。

（2）台式、落地式电风扇必须使用有安全接地线的三芯插头与插座；吊扇应安装在顶棚较高的位置，可以不装接地线。

（3）电风扇的风叶是重要部件，不论在安装、拆卸、擦洗或使用时，必须加强保护，以防变形。

（4）操作各项功能开关、按键、旋钮时，动作不能过猛、过快，也不能同时按两个按键。

（5）吊扇调速旋钮应缓慢顺序旋转，不应旋在挡间位置，否则容易使吊扇发热、烧机。

（6）电风扇用久以后，扇叶的下面很容易沾上很多灰尘。这是电风扇在工作时，由于扇叶和空气相互摩擦而使扇叶带上了静电，带电的物体能够吸引室内飘浮的细小灰尘造成的。电风扇的油污或积灰，应及时清除。不能用汽油或强碱液擦拭，以免损伤表面油漆部件的功能。

（7）电风扇在使用过程中如出现烫手、异常焦味、摇头不灵、转速变慢等故障时，不要继续使用，应及时切断电源检修。

（8）收藏电扇前应彻底清除表面油污、积灰，并用干软布擦净，然后用牛皮纸或干净布包裹好。存放的地点应干燥、通风、避免挤压。

相关知识2 **单相电机工作原理**

1．单相电机种类

单相电机一般是指用单相交流电源（AC220V）供电的小功率单相异步电动机。单相异步电动机通常在定子上有两相绕组，转子是普通鼠笼型的。两相绕组在定子上的分布以及供电情况的不同，可以产生不同的启动特性和运行特性。

通常根据电动机的启动和运行方式的特点，将单相异步电动机分为单相电阻启动异步电动机、单相电容启动异步电动机、单相电容运转异步电动机、单相电容启动和运转异步电动机、单相罩极式异步电动机五种。

2．电容式单相电机

要使单相电机能自动旋转起来，我们可在定子中加上一个启动绕组，启动绕组与工作绕组在空间上相差 90°。启动绕组要串接一个合适的电容，使得与工作绕组的电流在相位上近似相差 90°，即所谓的分相原理（见图 4-3）。这样两个在时间上相差 90° 的电流通入两个在空间上相差 90° 的绕组，将会在空间上产生（两相）旋转磁场，在这个旋转磁场作用下，转子就能自动启动。

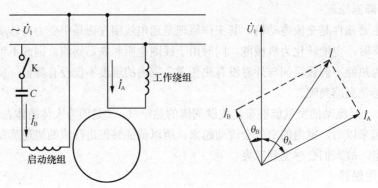

图 4-3　电容分相电动机接线图及向量图

3．罩极式单相电机

在单相电动机中，产生旋转磁场的另一种方法称为罩极法，这种电动机称为单相罩极式电动机。此种电动机定子做成凸极式的，有两极和四极两种。每个磁极在 1/3～1/4 全极面处开有小槽，把磁极分成两个部分，在小的部分上套装上一个短路铜环，好像把这部分磁极罩起来一样，所以叫罩极式电动机。单相绕组套装在整个磁极上，每个极的线圈是串联的，连接时必须使其产生的极性依次按 N、S、N、S 排列。当定子绕组通电后，在磁极中产生主磁通，根据楞次定律，其中穿过短路铜环的主磁通在铜环内产生一个在相位上滞后 90° 的感应电流，此电流产生的磁通在相位上也滞后于主磁通，它的作用与电容式电动机的启动绕组相当，从而产生旋转磁场使电动机转动起来。这种电机不需要接电容器，其原理如图 4-4 所示。

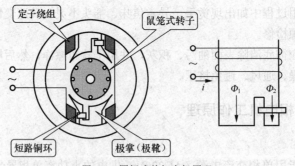

图 4-4　罩极式单相电机原理

■ 知识拓展

知识拓展 1　台扇的结构

台扇主要由底座、连接头、扇头、风叶、网罩等组成，如图 4-5 所示。

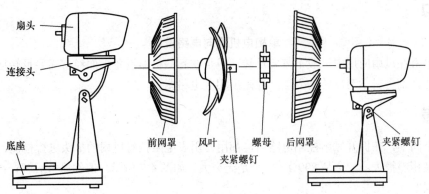

图 4-5 台扇的结构

知识拓展 2 电风扇的主要技术指标

选购家用台扇（见图 4-6）时，可以主要考虑如下技术指标。

（1）输出风量；

（2）使用值；

（3）启动性能；

（4）调速比；

（5）温升；

（6）电功率；

（7）噪声；

（8）摇头角度与仰俯角；

（9）使用寿命；

（10）安全性能。

图 4-6 家用台扇

知识拓展 3 未来的风扇

近年来，电风扇增设了各种新功能，既彰显了个性，也在无形中提高了档次。如开发较早且比较实用的遥控功能，使操作摆脱了一定的空间限制，再加上液晶屏幕的动态显示，操作起来一目了然。随着消费者对健康的日益关注，厂家围绕着提高空气质量做起了文章，于是便增添了负离子、氧吧、紫外线杀菌等功能。

此外，驱蚊风扇可通过电加热使驱蚊物质挥发，并借助风力快速把驱蚊物质送到房间各个地方；带有"飘香"功能的小风扇在扇片中间的旋转轴内含有香片，随着扇片的转动，悠悠花香也随之飘出，并且香片可随意更换；带有照明功能的吊扇集照明与风扇功能于一体。它们都是凭借某一项独特的功能而吸引了消费者的目光。

目前国际能源短缺，国内近年来电荒也频频发生，节能功能将是一个不可忽视的发展方向。定位于空调和风扇之间的空调扇以水为介质，利用物质的相变吸热规律及水的蒸发潜能原理工作，可送出低于室温的冷风，而内置的常规电热源可送出温暖湿润的风。此外，带蓄电池风扇或者利用太阳能作为能源的节能环保风扇也将在未来得到较大力度的推广和应用。

课后练习

单相电机换向电路设计

单相电机在风扇应用中一般不需要反转，但是在有些机器设备上面经常需要反转运行。请通过各种方法查询资料学习反转的方法，并画出相应电路图。

课后思考

有两个同学，在拆开风扇控制电路后，都用万用表电阻挡对风扇的插头进行检测，可是他们的测量结果相差很大，一个是899Ω，一个是无穷大，如图4-7所示。请你思考后解释：这是由于什么原因呢？

（a）有一定阻值

（b）电阻无穷大

图4-7　风扇插头总线电阻测量

任务五 5 直流电动机的控制

长期以来，直流电动机在电力、航空、航天等伺服控制系统中占有主导地位，虽然近年来交流电动机的调速控制技术发展很快，但是直流电动机电枢和磁场能独立进行激励，并且转速和输出转矩的描述是对可控电压（或电流）激励的线性函数，另外其响应快，控制灵活简单，因此，容易实现各种直流电动机控制系统（调速系统、位置随动系统等），也容易实现对控制目标的"最佳化"。这也是直流电动机长期主导传动领域的根本原因。

- **本任务学习目标**

1. 掌握直流电动机的基本工作原理。
2. 熟悉直流电动机的结构，掌握直流电动机基本调速方法。
3. 了解直流电动机的优缺点及应用，能合理选择直流电动机。

- **本任务建议课时**

中职班：14　　高职班：14

- **本任务工作流程**

1. 课前导读，进入学习状态。
2. 检查并讲评学生完成导读情况。
3. 看物识图，引入课题。
4. 结合解剖直流电动机实物及影像资料，进行理论讲解。
5. 能够正确地拆卸直流电动机。
6. 能够拆卸玩具电动机，并说出其结构及各部分名称。
7. 巡回指导学生实习。
8. 学习拓展知识，并对本任务学习综合测试。
9. 测试结束后，组织学生填写活动评价表。
10. 小结学生学习情况。

- **任务教学准备**

案例相关图片资料及课件、直流电动机、万用表、电烙铁、螺钉旋具、尖嘴钳、斜口钳、壁纸刀、导线等。

- ## 课前导读

请根据常识或查询资料，在表 5-1 右栏中写出每个元件的名称及作用。

表 5-1 直流电动机的各种主要部件及作用

序 号	图 片	名称及作用
1		名称：_____ 作用：_____ _____ _____
2		名称：_____ 作用：_____ _____ _____
3		名称：_____ 作用：_____ _____ _____
4		名称：_____ 作用：_____ _____ _____
5		名称：_____ 作用：_____ _____ _____

续表

序号	图片	名称及作用
6		名称：_____ 作用：_____ _____ _____ _____

请查询资料，在表 5-2 右栏中写出每个标号所代表的元件的名称。

表 5-2　　　　　　　　　　直流电动机的内部结构

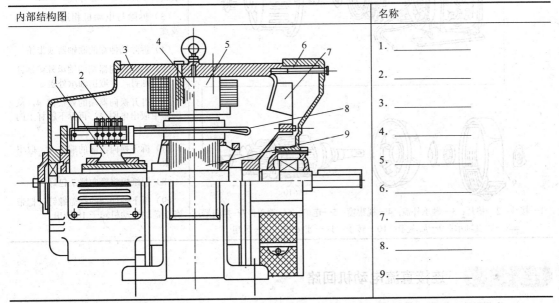

内部结构图	名称
	1. _____
	2. _____
	3. _____
	4. _____
	5. _____
	6. _____
	7. _____
	8. _____
	9. _____

■ 情景描述

独特的直流电动机

阿聪问师傅："三相和单相异步电动机采用的电源都是交流电，那么，有没有采用直流电的直流电动机呢？"师傅答："当然有，直流电动机其实就在我们身边，比如，我们常见的录音机、复读机、VCD、DVD 等家用电器中，都采用了直流电动机来带动磁带或光盘旋转，当然，这些直流电动机个头较小，维修价值不高；除此之外，还有一些中型和大型的直流电动机，主要应用在重负载下启动或要求均匀调节转速的机械中，例如大型可逆轧钢机、镗床、超重机械、汽车起动机等，采用的都是直流电动机。这是因为直流电动机具有启动力矩大，可以均匀而经济地实现转速调节等优点。"阿聪又问："直流电动机修理难吗？"师傅笑答："做事不怕难，自无难人事。"

■ 任务实施

任务实施1 玩具直流电动机的拆卸

玩具直流电动机的拆装基本步骤是切断电源→做好标记→拆卸轴承外盖→拆卸电刷→检查轴承→重新装配，拆卸时的操作要点如表 5-3 所示。

表 5-3　　　　　　　　　　　玩具直流电动机的拆卸操作

图　　示	操作步骤及要点
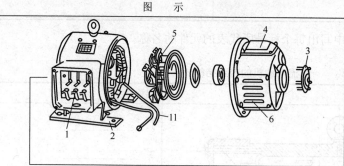 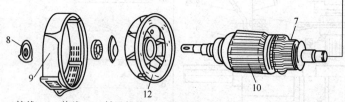 1—接线；2—垫片；3—轴承外盖；4—视察窗；5—电刷；6—端盖；7—换向器； 8—后盖轴承；9—后端盖；10—转子；11—连接线；12—风扇	（1）折去接至电动机的所有接线 1 （2）拆掉电动机的底脚螺栓，要记录底脚下面的垫片 2 厚度 （3）拆除与电动机相连接的传动装置 （4）拆除轴伸端的联轴器或带轮 （5）拆除换向器端的轴承外盖螺钉和端盖螺钉，并取出轴承外盖 3 （6）打开换向器端的视察窗 4，从刷盒中取出电刷 5，再拆下刷杆上的连接线 11 （7）拆下换向器端的端盖 6，取出刷架 （8）用纸板将换向器 7 包好 （9）拆下轴伸端的端盖螺钉，把带有端盖的电动机转子 10 抽出

任务实施2 连接直流电动机回路

1．必要器材/必要工量刃具

（1）SX—601F 电工基本技能实训台 1 台；

（2）直流电动机（DC24V）1 个；

（3）中间继电器（DC24V）1 个；

（4）开关电源（220V/110W）1 个；

（5）导线（0.75mm²）若干、按钮 2 个；

（6）电工工具 1 套。

2．实施内容

掌握直流电动机回路的连接，其原理图如图 5-1 所示。

3．任务要求

（1）能够正确无误地按照原理图连接电气回路。

（2）能够正确地对电路进行静态检测。

（3）能够调节开关电源电压改变直流电动机的转速。

（4）实验完毕后，能清理好元器件，搞好元器件的保养和实训台的清洁。

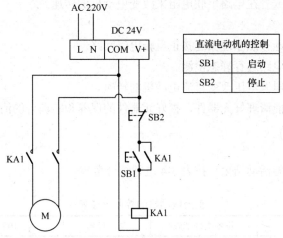

图 5-1　直流电动机控制原理图

直流电动机的控制	
SB1	启动
SB2	停止

任务实施3　直流电动机正反转回路的连接

1．必要器材/必要工量刃具

（1）SX—601F 电工基本技能实训台 1 台；

（2）直流电动机（DC24V）1 个；

（3）中间继电器（DC24V）2 个；

（4）开关电源（220V/110W）1 个；

（5）导线（0.75mm^2）若干、按钮 3 个；

（6）电工工具 1 套。

2．实施内容

（1）掌握直流电动机正反转回路的连接，其原理图如图 5-2 所示。

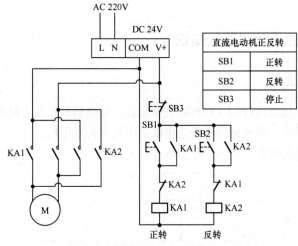

直流电动机正反转	
SB1	正转
SB2	反转
SB3	停止

图 5-2　直流电动机正反转回路原理图

（2）理解直流电动机正反转回路的工作原理。

（3）在实训台上连接调试直流电动机正反转回路。

（4）通过改变电压或者在电路串联电阻来改变电动机的转速。

3．合格水平

（1）能够正确无误地按照原理图连接正反转电气回路。

（2）能够正确地对电路进行静态检测。

（3）能够调节开关电源电压改变直流电动机的转速。

（4）实验完毕后，能清理好元器件，搞好元器件的保养和实训台的清洁。

■ 活动评价

根据分组，任务实施活动结束后按表 5-4 进行综合考核。

表 5-4　　　　　　　　　　直流电动机的控制考核表

课程名称		设备维修基础		学习任务		T05 直流电动机的控制	
学生姓名				工作小组			
评分内容		分值	自我评分		小组评分	教师评分	得分
直流电动机的拆卸		25					
连接直流电动机回路		30					
直流电动机正反转回路的连接		15					
劳动学习态度		10					
安全意识及纪律		20					
权　重			15%		25%	60%	总分：
总体评价	个人评语：						
	教师评语：						

■ 相关知识

相关知识 1　**直流电动机基础知识**

一、电动机的定义

电机是将电能和机械能进行相互转换的机械装置，是电动机和发电机的统称。将电能转换为机械能的电机称为电动机，将机械能转换为电能的电机称为发电机。

工业应用中电动机的位置如图 5-3 所示。

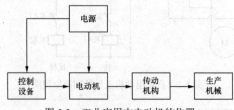

图 5-3　工业应用中电动机的位置

二、直流电动机的主要结构

直流电动机主要由定子和转子两部分组成，其结构如图 5-4 所示。

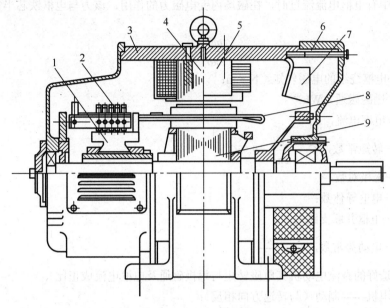

图 5-4　直流电动机结构

1—换向器；2—电刷装置；3—机座；4—主磁极；5—换向磁极；6—端盖；7—风扇；8—电枢绕组；9—电枢铁芯

1．定子

直流电动机定子部分主要由主磁极、换向磁极、电刷装置和机座组成。

（1）机座。一般直流电动机都用整体机座。所谓整体机座，就是一个机座同时起两方面的作用：一方面起导磁的作用，一方面起机械支撑的作用。

（2）电刷装置。电刷装置是把直流电压、直流电流引入或引出的装置。

2．转子

直流电动机转子部分主要由电枢铁芯、电枢绕组、换向器、转轴和风扇等组成。

（1）电枢铁芯。电枢铁芯作用有二，一个是作为主磁路的主要部分；另一个是嵌放电枢绕组。

（2）电枢绕组。它是直流电动机的主要电路部分，是通过电磁感应产生电动势以实现机电能量转换。

（3）换向器。在直流发电机中，它的作用是将绕组内的交变电动势转换为电刷端上的直流电动势；在直流电动机中，它将电刷上所通过的直流电流转换为绕组内的交变电流。

三、直流电动机的分类

按励磁方式分为他励、并励、串励、复励电动机。

直流电动机励磁方式不同，使得它们的特性有很大的差异，这也使它们能满足不同生产机械的要求。

四、直流电动机的电磁转矩和电枢电动势的计算

1. 电磁转矩的计算

电枢绕组中有电枢电流流过时，在磁场内受电磁力的作用，该力与电枢铁芯半径之积称为电磁转矩。

$$T_{em} = \frac{pN}{2\pi a}\varPhi I_a = C_T \varPhi I_a$$

式中，T_{em}——电枢绕组的电磁转矩，$N \cdot m$；

$\varPhi$——励磁磁通，Wb；

I_a——电枢电流，A；

C_T——转矩常数，$C_T = \dfrac{pN}{2\pi a} = 9.55 C_e$；

p——磁极对数；

N——电枢导体数；

a——电枢并联支路对数；

C_e——电动势常数，$C_e = \dfrac{pN}{60a}$。

可见，制造好的直流电动机其电磁转矩与每极磁通及电枢电流成正比。

性质：发电机——制动（与转速方向相反）；

电动机——驱动（与转速方向相同）。

2. 电枢感应电动势的计算

电枢旋转时，主磁场在电枢绕组中感应的电动势称为电枢电动势。

$$E_a = \frac{pN}{60a}\varPhi n = C_e \varPhi n$$

可见，直流电动机的感应电动势与电机动结构、每极磁通及转速有关。

相关知识 2 直流电动机的工作原理及应用

1. 直流电动机模型（见图 5-5）

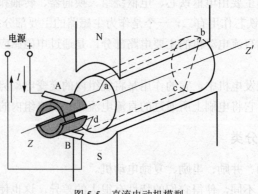

图 5-5 直流电动机模型

图 5-5 所示为一个最简单的直流电动机模型。在一对静止的磁极 N 和 S 之间，装设一个可以绕 $Z\text{-}Z'$ 轴转动的圆柱形铁芯，在它上面装有矩形的线圈 abcd。这个转动的部分通常叫作电枢。

线圈的两端 a 和 d 分别接到叫作换向片的两个半圆形铜环 1 和 2 上。换向片 1 和 2 之间是彼此绝缘的，它们和电枢装在同一根轴上，可随电枢一起转动。A 和 B 是两个固定不动的碳质电刷，它们和换向片之间是滑动接触的。

2．直流电动机的工作原理分析

（1）当电刷 A 和 B 分别与直流电源的正极和负极接通时，电流从电刷 A 流入，而从电刷 B 流出。这时线圈中的电流方向是从 a 流向 b，再从 c 流向 d。我们知道，载流导体在磁场中要受到电磁力，其方向由左手定则来决定。当电枢在图 5-6（a）所示的位置时，线圈 ab 边的电流从 a 流向 b，用 ⊕ 表示，cd 边的电流从 c 流向 d，用 ⊙ 表示。根据左手定则可以判断出，ab 边受力的方向是从右向左，而 cd 边受力的方向是从左向右。这样，在电枢上就产生了逆时针方向的转矩，因此电枢就将沿着逆时针方向转动起来。

（2）当电枢转到使线圈的 ab 边从 N 极下面进入 S 极，而 cd 边从 S 极下面进入 N 极时，与线圈 a 端连接的换向片 1 跟电刷 B 接触，而与线圈 d 端连接的换向片 2 跟电刷 A 接触，如图 5-6（b）所示。这样，线圈内的电流方向变为从 d 流向 c，再从 b 流向 a，从而保持在 N 极下面的导体中的电流方向不变。因此转矩的方向也不改变，电枢仍然按照原来的逆时针方向继续旋转。由此可以看出，换向片和电刷在直流电动机中起着改换电枢线圈中电流方向的作用。

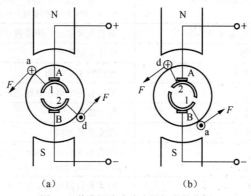

图 5-6　换向器在直流电动机中的作用

3．直流电动机应用

直流电动机与交流电动机比较，最大的优点就是直流电动机可以实现"平滑而经济的调速"；直流电动机的调速不需要其他设备的配合，可通过改变输入的电压/电流，或者励磁电压/电流来调速。交流永磁同步电动机的调速是靠改变频率来实现的，需要变频器。

直流电动机虽不需要其他的设备来帮助调速，但自身的结构复杂，制造成本高；在大功率可控晶闸管大批量使用之前，直流电动机用于大多的调速场合。在大功率可控晶闸管工业化生产后，交流电动机的调速变得更简单了，交流电动机的制造成本低廉、使用寿命长等优点就表现出来。

直流电动机是依靠直流工作电压运行的电动机，广泛应用于收录机、录像机、影碟机、电动剃须刀、电动玩具等。

相关知识3　直流电动机常见故障及处理方法

直流电动机常见故障及处理方法见表 5-5。

表 5-5 直流电动机常见故障及其处理方法

故障现象	可能原因	处理方法
电刷下火花过大	（1）电刷换向器接触不良	研磨电刷接触面，并在轻载下运转 30～60min
	（2）刷握松动或装置不正确	紧固或纠正刷握装置
	（3）电刷与刷握配合太紧	略微磨小电刷尺寸
	（4）电刷压力大小不当或不均	用弹簧校正电刷压力
	（5）换向器表面不光洁、不圆或有污垢	清洁或研磨换向器表面
	（6）换向片间云母凸出	换向器刻槽，倒角，再研磨
	（7）电刷位置不在中性线上	调整刷杆座至原有位置或按感应法校正中性线位置
	（8）电刷磨损过度或所用品牌及尺寸不符	更换新电刷
	（9）过载	恢复正常负载
	（10）电动机底角松动，发生震动	固定底脚螺钉
	（11）换向极绕组短路	检查换相极绕组，修理绝缘损坏处
	（12）电刷绕组与换向器脱焊	用毫伏表检查换向片间电压是否呈周期性出现，如某两片之间电压特别大，说明该处有脱焊现象，须进行重焊
	（13）检修时将换相极绕组接反	用指南针试检验换相极极性，并纠正换向极与主磁极极性关系，顺电动机旋转方向，发电机为 n—N—s—S，电动机为 n—S—s—N（大写字母为主磁极极性，小写字母为换向极极性）
	（14）电刷之间的电流分布不均匀	调整刷架等分；按原牌号及尺寸更换新电刷
	（15）电刷分布不等分	校正电刷等分
	（16）转子平衡未校好	重校转子动平衡
发电机电压不能建立	（1）剩磁消失	另用直流电通入并励绕组，产生磁场
	（2）励磁绕组接反	纠正接线
	（3）旋转方向错误	改变旋转方向
	（4）励磁绕组断路	检查励磁绕组及磁场变阻器之间的连接是否松脱或接错，磁场绕组或变阻器内部是否断路
	（5）电枢短路	检查换向器表面及接头片是否有短路，用毫伏表测试电枢绕组是否短路
	（6）电刷接触不良	检查刷握弹簧是否松弛或改善接触面
	（7）磁场回路电阻过大	检查磁场变阻器和励磁绕组电阻大小并检查接触是否良好
发电机电压过低	（1）并励磁场绕组部分短路	分别测量每一绕组的电阻，修理或调换电阻特别低的绕组
	（2）转速太低	提高原电机转速额定值
	（3）电刷不在正常位置	按所刻记号，调整刷杆座位置
	（4）换向片之间有导电体	云母片拉槽清除杂物
	（5）换向极绕组接反	用指南针试验换向极极性
	（6）串励磁场绕组接反	纠正接线
	（7）过载	减少负载
电动机不能启动	（1）无电源	检查线路是否完好，启动器连接是否准确，熔丝是否熔断
	（2）过载	减小负载
	（3）启动电流太小	检查所用启动器是否合适
	（4）电刷接触不良	检查刷握弹簧是否松弛或改善接触面
	（5）励磁回路断路	检查变阻器及磁场绕组是否熔断，更换绕组

续表

故障现象	可能原因	处理方法
电动机转速不正常	（1）电动机转速过高，具有剧烈火花	检查磁场绕组与启动器（或调速器）连接是否良好，是否接错，磁场绕组或调速器内部是否断路
	（2）电刷不在正常位置	按所刻记号调整刷杆座位置
	（3）电枢及磁场绕组短路	检查是否短路（磁场绕组须每极分别测量电阻）
	（4）串励直流电动机轻载或空载运转	增加负载
	（5）串励磁场绕组接反	纠正接线
	（6）磁场回路电阻过大	检查磁场变阻器和励磁绕组电阻，并检查接触是否良好
电枢冒烟	（1）长时期过载	立即恢复正常负载
	（2）换向器或电枢短路	用毫伏表检测是否短路，是否有金属屑落入换向器或电枢绕组
	（3）负载短路	检查线路是否有短路
	（4）电动机端电压过低	恢复电压至正常值
	（5）电动机直接启动或反转运转过于频繁	使用适当的启动器，避免频繁地反复运转
	（6）定子转子铁芯相擦	检查电机气隙是否均匀，轴承是否磨损
磁场线圈过热	（1）并励磁场部分短路	分别测量每一绕组电阻，修理或调换电阻特别低的绕组
	（2）电机转速太低	提高转速至额定值
	（3）电机端电压长期超过额定值	恢复端电压至额定值
其他	（1）机壳漏电	电机绝缘电阻过低，用 500V 兆欧表测量绕组对地绝缘电阻，如低于 0.5MΩ 应加以烘干；出线头碰壳；出线板或绕组某处绝缘损坏需修复；接地装置不良，加以修理
	（2）并励（带有少量串励稳定绕组）电动机启动时反转，启动后又变为正转	串励绕组接反，互换串励绕组两个出线头
	（3）轴承漏油	润滑脂加得太满（正常为轴承室 2/3 的空间）或所用润滑脂质地不符合要求，需更换；轴承温度过高（轴承如有不正常噪声应取出清洗检查换油，如钢珠或钢圈有裂纹，应予更换）

■ 知识拓展

知识拓展 1 直流电动机的调速方法

直流电动机的转速 n 和其他参量的关系可表示为

$$n = \frac{U_a - I_a R_a}{C_e \Phi}$$

式中，U_a——电枢供电电压，V；

$\quad I_a$——电枢电流，A；

$\quad \Phi$——励磁磁通，Wb；

$\quad R_a$——电枢回路总电阻，Ω；

$\quad C_e$——电动势常数。

由上式可以看出，U_a、R_a、Φ 三个参量都可以成为变量，只要改变其中一个参量，就可以改变电动机的转速。

知识拓展 2　**电动机的选购**

1．电动机结构形式的选择

主要是根据使用环境来选择电动机结构形式。

（1）在正常环境条件下，一般采用防护式电动机；在粉尘较多的工作场所，采用封闭式电动机。

（2）在湿热带地区或比较潮湿的场所，尽量采用湿热带型电动机。

（3）在露天场所使用，采用户外型电动机，若有防护措施，也可采用封闭式或防护式电动机。

（4）在高温工作场所，应根据环境温度，选用相应绝缘等级的电动机，并加强通风改善电动机工作条件。

（5）在有爆炸危险场所，必须选用防爆型电动机。

（6）在有腐蚀气体的场所，应选用防腐式电动机。

2．对电动机类型的选择

（1）不需要调速的机械装置应优先选用笼型异步电动机。

（2）对于负载周期性波动的长期工作机械，宜用绕线型异步电动机。

（3）需要补偿电网功率因数及获得稳定的工作速度时，优先选用同步电动机；只需要几种速度，但不要求调速时，选用多速异步电动机，采用转换开关等来切换需要的工作速度。

（4）需要大的启动转矩和恒功率调速的机械，宜选用直流电动机。

（5）对制动和调速要求较高的机械，可选用直流电动机或带调速装置的交流电动机。

（6）需要自动伺服控制的情况下，需要选择伺服电动机。

3．电动机转速的选择

电动机转速应符合机械传动的要求。在市电标准频率（50Hz）作用下，由于磁极对数不同，异步电动机同步转速有 3000r/min、500r/min、1000r/min、750r/min、600r/min 等几种，由于存在转差率，其实际转速比同步转速低 2%～5%。因此，选择电动机转速方法如下。

（1）对于不需要调速的机械，一般选用与其转速接近的电动机，这样电动机就可以方便地与机械转轴通过联轴器直接连接。

（2）对于不需调速的低转速的传动，一般选用稍高转速的电动机，通过减速机来传动，但电动机转速不应过高。一般，可优先选用同步转速 1500r/min 的电动机，因为在这个转速的电动机适应性最好。

（3）对于需要调速的机械，电动机最高转速应与机械最高转速相适应，可以直接传动或通过减速机构传动。也可以考虑使用变频器来拖动电动机实现调速，这样既节能又可以实现自动伺服控制。

4．电动机容量的选择

电动机容量表明它的带负载和抗过载的能力。一般情况下，可以选取比较高的容量，这样电动机的抗过载性能会更好些。

课后练习

1．什么叫直流电动机的固有机械特性？什么叫直流电动机的人为机械特性？

2．直流电动机运行中的常见故障

（1）直流电动机通电后不能启动。

故障原因是：＿＿＿＿＿＿＿＿＿＿＿＿＿＿＿＿＿＿＿

（2）电枢冒烟。

故障原因是：＿＿＿＿＿＿＿＿＿＿＿＿＿＿＿＿＿＿＿

（3）直流电动机温度过高。

故障原因是：＿＿＿＿＿＿＿＿＿＿＿＿＿＿＿＿＿＿＿

（4）电刷下火花过大。

故障原因是：＿＿＿＿＿＿＿＿＿＿＿＿＿＿＿＿＿＿＿

（5）机壳漏电。

故障原因是：＿＿＿＿＿＿＿＿＿＿＿＿＿＿＿＿＿＿＿

课后思考

电吹风上的小型直流电动机必须用手拧一下转轴，才能启动，但转动无力。请分析故障原因。

任务六 6 投币器与传感器的应用

投币器是一种通过检测硬币中含铁量的大小来达到区分真假币目的的电子测量仪器。它具有结构简单，安全性高，抗破坏和干扰等特点。投币器主要功能包括四个部分：一是用于产生高频方波的振荡电路，二是用于控制真假币流向的电磁闸门，三是用于检测硬币投入过程的各个位置的光电传感器，最后就是控制所有检测和控制的电路的集中控制单元。要设计自动投币器，必须了解投币器的装置，传感器与继电器的类型、结构、工作原理等知识。

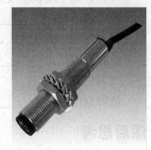

■ **本任务学习目标**
1. 掌握传感器的作用、分类、结构、工作原理、图形符号及应用。
2. 掌握自动投币器的工作原理并进行组装与调整。
3. 能依据系统原理图找出相应元件，接好线路图，并调试。

■ **本任务建议课时**
中职班：12   高职班：12

■ **本任务工作流程**
1. 课前导读，进入学习状态。
2. 检查并讲评学生完成导读情况。
3. 看物识图，引入课题。
4. 结合解剖投币器实物及影像资料，进行理论讲解。
5. 通过观看投币器的动画演示，理解投币器的工作原理。
6. 熟悉投币器的结构，掌握投币器基本操作方法。
7. 巡回指导学生实习。
8. 学习拓展知识，并对本任务学习综合测试。
9. 测试结束后，组织学生填写活动评价表。
10. 小结学生学习情况。

■ **任务教学准备**
传感器应用影像资料及课件、各类传感器总成 4～6 个、本任务学习测试资料、投币器 1 台、退币器 1 台、继电器 4 个、电烙铁 1 个、电路板 1 块、导线/锡若干。

■ **课前导读**

请根据常识或查询资料，在表 6-1 右栏中作出正确选择。

表 6-1   传感器知识小测试

序 号	实施内容	答案选择
1	不是应用温度传感器的是	电熨斗□ 话筒□ 电饭锅□ 测温仪□
2	绝对误差就是误差的绝对值	对□ 不对□
3	不属于测量基本要素的是	被测对象□ 测量仪器系统□ 测量误差□ 测量人员□
4	感应同步器的作用是测量	电压□ 电流□ 位移□ 相位差□
5	传感器的动态特性指标是	迟滞□ 过量冲□ 稳定性□ 线性度□
6	热敏电阻式湿敏元件能够直接检测	温度□ 温度差□ 相对湿度□ 绝对湿度□
7	适合于使用红外传感器进行测量的物理量是	压力□ 力矩□ 温度□ 厚度□
8	汽车衡所用的测力弹性敏感元件是	悬臂梁□ 弹簧管□ 实心轴□ 圆环□
9	数码照相机中用于自动调焦的测距传感器为	红外传感器□ 超声波传感器□ CCD 传感器□
10	自动感应式干手机中的人手感应器为	红外传感器□ 超声波传感器□ 图像传感器□
11	测量油库储油罐内油的液位高度，适于采用	超声波测距传感器□ 压阻传感器□ 压电传感器□
12	家用空调中的测温元件采用何种传感器最好	热电阻□ 热敏电阻□ 热电偶□
13	对生产流水线上的塑料零件进行自动计数，可采用的传感器为	光电传感器□ 霍尔传感器□ 电容传感器□
14	测量炮弹发射时炮筒内壁的压力且不影响安全发射，可采用的传感器为	压电式传感器□ 应变式传感器□ 压阻式传感器□
15	光敏电阻适于作为	光的测量元件□ 光电导开关元件□ 加热元件□ 发光元件□
16	光学高温计测得的温度总比物体的实际温度	低□ 高□ 相等□
17	在自动检测技术中，信息的提取可用什么来完成	传感器□ 显示器□ 计算机□ 频谱仪□
18	通常用热电阻测量	电阻□ 扭矩□ 温度□ 压力□

■ 情景描述

洗衣机"E6"故障

小明师傅多次接到用户洗衣机"E6"故障提示报修，特别是南方地区或者用久的机型报修较多。小明师傅根据他们多年的经验确定了故障的原因，并更换了洗衣机电脑板、水位传感器、导线组件，洗衣机就真的修好了，但是不久后问题可能又出现。请问你能猜到是什么地方出了问题吗？

■ 任务实施

任务实施 1   自动投币器的控制线路

1. 必要器材/必要工量刃具

（1）投币器 1 台；

（2）退币器 1 台；

（3）继电器 4 个；

（4）电烙铁 1 个；

（5）电路板 1 块；

（6）导线/锡若干。

2．实施内容

（1）通过观看投币器的动画演示，理解投币器的工作原理。

（2）熟悉投币器的结构，掌握投币器基本操作方法。

（3）了解投币器的优缺点及投币器的应用，能合理选择投币器。

（4）掌握传感器、继电器的作用、分类、结构、工作原理、图形符号及应用。

（5）利用所学知识设计电路图。

（6）对自动投币器进行组装与调整。

3．合格水平

（1）能够正确分辨传感器的类型。

（2）能够对继电器的作用进行判别。

（3）设计的线路能够达到控制要求。

任务实施 2　　退币系统设计

1．必要器材/必要工量刃具

（1）四孔退币机 1 台；

（2）投币器 1 台；

（3）两种代币各 2 个；

（4）DC24V 开关电源 2 个；

（5）导线及插头若干；

（6）常用电工工具（螺丝刀、万用表、剥线钳等）1 套。

2．实施内容

（1）理解退币机和投币器的工作原理。

（2）掌握退币机和投币器的使用方法。

（3）在实验板上按要求实现投、退币系统设计。

（4）常用传感器的接线。

3．合格水平

（1）能够设计出符合要求的退币系统。

（2）根据设计好的退币系统图纸在试验板上接线，并且调试各部分，实现设计的功能。

（3）能够依据所学的投、退币知识实现相类似的功能。

（4）实验完毕后，能清理好元器件，搞好元器件的保养和实验台的清洁。

■ 活动评价

根据分组，任务实施活动结束后按表 6-2 进行综合考核。

表 6-2 　　　　　　　　　　　　投币器与传感器的应用考核表

课程名称		设备维修基础	学习任务		T06　投币器与传感器的应用	
学生姓名			工作小组			
评分内容	分值	自我评分		小组评分	教师评分	得分
自动投币器的控制线路	30					
退币系统设计	30					
团结协作	10					
劳动学习态度	10					
安全意识及纪律	20					
权　重		15%		25%	60%	总分：
总体评价	个人评语：					
	教师评语：					

■ 相关知识

相关知识 1　PNP 与 NPN 型传感器

PNP 与 NPN 型传感器其实就是利用三极管的饱和与截止，输出两种状态，属于开关型传感器。但输出信号是截然相反的，即高电平和低电平。PNP 输出的是高电平 1，NPN 输出的是低电平 0。

PNP 与 NPN 型传感器分为六类。

（1）NPN-NO（常开型）；

（2）NPN-NC（常闭型）；

（3）NPN-NC+NO（常开、常闭共有型）；

（4）PNP-NO（常开型）；

（5）PNP-NC（常闭型）；

（6）PNP-NC+NO（常开、常闭共有型）。

PNP 与 NPN 型传感器一般有 3 条引出线，即电源线 VCC、0V 线、out 信号输出线。

1．PNP 型传感器

当有信号触发时，PNP 型传感器的信号输出线 out 和电源线 VCC 连接，相当于输出高电平。其电路如图 6-1 所示。

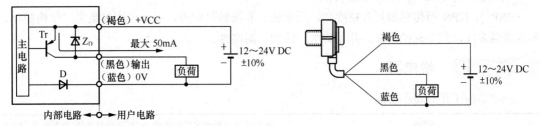

D—反向电源极性保护二极管；Z_D—稳压二极管；
Tr—PNP 输出晶体管

图 6-1　PNP 型传感器电路

对于 PNP-NO 型，在没有信号触发时，输出线是悬空的，就是 VCC 电源线和 out 线断开。有信号触发时，发出与 VCC 电源线相同的电压，也就是 out 线和电源线 VCC 连接，输出高电平 VCC。

对于 PNP-NC 型，在没有信号触发时，发出与 VCC 电源线相同的电压，也就是 out 线和电源线 VCC 连接，输出高电平 VCC。当有信号触发后，输出线是悬空的，就是 VCC 电源线和 out 线断开。

PNP-NC+NO 是常开、常闭共有型，可根据需要取舍。

2．NPN 型传感器

当有信号触发时，NPN 型传感器的信号输出线 out 和 0V 线连接，相当于输出低电平 0V。其电路如图 6-2 所示。

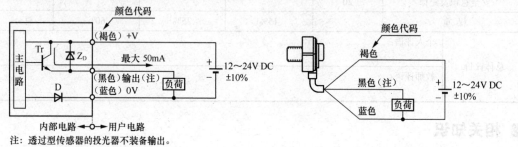

图 6-2　NPN 型传感器电路

对于 NPN-NO 型，在没有信号触发时，输出线是悬空的，就是 0V 线和 out 线断开。有信号触发时，发出与 0V 相同的电压，也就是 out 线和 0V 线连接，输出低电平 0V。

对于 NPN-NC 型，在没有信号触发时，发出与 0V 线相同的电压，也就是 out 线和 0V 线连接，输出低电平 0V。当有信号触发后，输出线是悬空的，就是 0V 线和 out 线断开。

NPN-NC+NO 是常开、常闭共有型，可根据需要取舍。

3．PNP 与 NPN 型传感器的判别

（1）把褐色线接传感器电源正极，把蓝色线接传感器电源负极。

（2）在黑色线上接上负载。

（3）从负载另一端引出线触碰电源的正负极。

（4）触碰正极负载工作（若为常闭型），则为 NPN 型传感器。

（5）触碰负极负载工作（若为常闭型），则为 PNP 型传感器。

4．PNP 与 NPN 型传感器的优点

PNP 与 NPN 型传感器具有精度高、反应快、非接触等优点，而且可测参数多，结构简单，形式灵活多样，抗干扰能力强，并且防水、防震、耐腐蚀。

相关知识2　继电器

继电器的工作原理和特性

继电器是一种电子控制器件，它具有控制系统（又称输入回路）和被控制系统（又称输出回路），通常应用于自动控制电路中，它实际上是用较小的电流去控制较大电流的一种"自动开关"。故在电路中起着自动调节、安全保护、转换电路等作用

相关知识 3　投币器工作原理

投币器控制电路如图 6-3 所示。

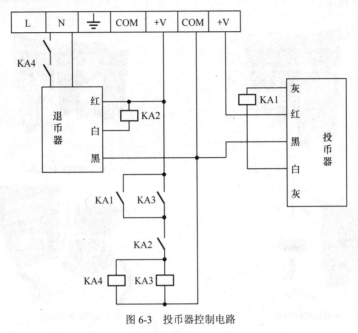

图 6-3　投币器控制电路

工作原理： 投币→传感器感应 KA1、KA2 线圈得电，KA1 和 KA2 常开触点闭合→KA4 线圈得电，KA4 常开触点闭合→电动马达得电→出币→传感器得电，停止工作。

相关知识 4　投币器的结构、分类和应用

1. 投币器的结构

投币器的结构如图 6-4 所示。

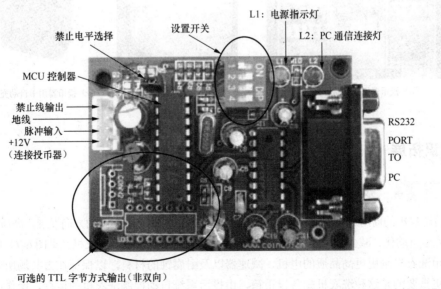

图 6-4　投币器结构

2. 投币器分类

按结构及工作原理，可分为一元专用投币器、比较式投币器、多币智能型投币器、MDB 型投币器，如图 6-5 所示。

(a) 一元专用投币器

(b) 比较式投币器

(c) 多币智能型投币器

(d) MDB 型投币器

图 6-5　投币器的分类

3. 投币器应用

投币器广泛用于自动售货机、自动洗衣机、自动充电器等设备，如图 6-6 所示。

（a）投币器用于自动售货机

（b）投币器用于自动洗衣机

（c）投币器用于自动充电器

图 6-6　投币器的应用

■ 知识拓展

知识拓展 1　投币洗衣机

随着洗衣机的商用进程加深，商用洗衣机开始朝着家用洗衣机不同的方向发展，高质耐用、操作简单、完全自动化、减少管理成本的机型成为行业的迫切需求，投币洗衣机（见图 6-7）应时而生。

投币洗衣机采用更高品质的电机、减速器以及耐腐蚀的材料，以保证在公共场所的长期正常使用。更重要的是这种洗衣机配备投币箱，由投币系统自动控制洗衣机的运行，操作简单，无需有人值守，极大地降低了管理成本，成为公共场所（学校、工厂、酒店等）商用洗衣机的首选。

投币洗衣机由洗衣机及投币系统两大部分组成，投币系统包含投币箱、投币控制电路。使用时由投币箱识别及反馈投币信息，由投币控制电路控制洗衣机的运行。

图6-7　投币洗衣机

知识拓展 2　　光电传感器（反射型）测转速实验

基本原理：光电传感器由红外发射二极管、红外接收管、达林顿输出管及波形整形组成。发射管发射红外光经电机反射面反射，接收管接收到反射信号，经放大，波形整形输出方波，再经 F/V 转换测出频率。

实验目的：了解光电传感器测转速的原理及运用

所需单元及部件：电机控制单元、小电机、F/V 表、光电传感器、+5V 电源、可调±2V～±10V 直流稳压电源、主副电源、示波器

实验步骤：

（1）在传感器的安装顶板上，拧松小电机前面的轴套的调节螺钉，连轴拆去电涡流传感器，换上光电传感器。将光电传感器控头对准小电机上小的白圆圈（反射面），调节传感器高度，离反射面 2～3mm 为宜。

（2）传感器的三根引线分别接入传感器安装顶板上的三个插孔中（棕色接+5V，黑色接地，兰色接 Vo）。再把 Vo 和地接入数显表（F/V 表）的 Vi 和地口。

（3）合上主、副电源，将可调整±2V～±10V 的直流稳压电源的切换开关切换到±10V，在电机控制单元的 V+处接入+10V 电压，调节转速旋钮使电机转动。

（4）将 F/V 表的切换开关切换到 2K 挡测频率，F/V 表显示频率值。可用示波器观察 F。输出口的转速脉冲信号（Vp-p＞2V）。

（5）根据测到的频率及电机上反射面的数目算出此时的电机转速。即：N＝F/V 表显示值÷2×60（n/min）

（6）实验完毕，关闭主、副电源。

问题：反射型光电传感器测转速产生误差大、稳定性差的原因是什么？

课后练习

1. 简述光电传感器的组成及其优点。

2. 什么是继电器，它主要由哪几部分组成？

3. PNP 与 NPN 型传感器怎么判别？

课后思考

接近开关有两线制和三线制的区别，三线制接近开关又分为 NPN 型和 PNP 型，它们的接线是不同的。两线制接近开关的接线比较简单，接近开关与负载串联后接到电源即可。三线制接近开关

的接线：红（棕）线接电源正端；蓝线接电源 0V 端；黄（黑）线为信号线，应接负载。而负载的另一端是这样接的：对于 NPN 型接近开关，应接到电源正端；对于 PNP 型接近开关，则应接到电源 0V 端。接近开关的负载可以是信号灯、继电器线圈或可编程控制器 PLC 的数字量输入模块。需要特别注意接到 PLC 数字输入模块的三线制接近开关的型式选择。PLC 数字量输入模块一般可分为两类：一类的公共输入端为电源 0V，电流从输入模块流出（日本模式），此时，一定要选用 NPN 型接近开关；另一类的公共输入端为电源正端，电流流入输入模块，即阱式输入（欧洲模式），此时，一定要选用 PNP 型接近开关。请分析图 6-8 和图 6-9，思考它们与不同 PLC 接线的区别。

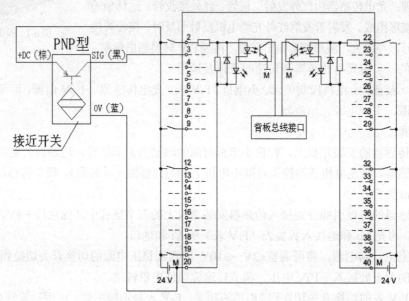

图 6-8　西门子 S7-300PLC 数字量输入模块 SM 321 的接线图

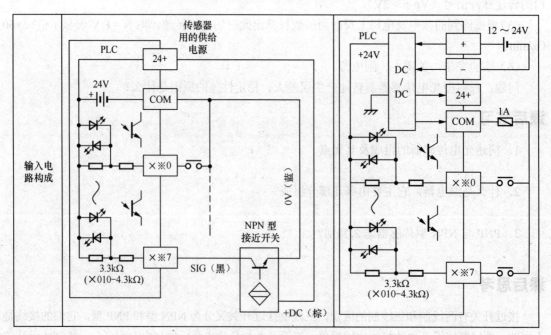

图 6-9　三菱公司的 FX$_{IN}$ PLC 接线图

任务七

7 信号检测与自动控制

　　随着科学技术的进步，检测技术被广泛应用到生产生活中，是产品检验和质量控制的重要手段，在自动化控制系统中也成了不可缺少的组成部分。本任务主要介绍基本信号的检测装置的相关知识及利用基本信号检测设备实现自动控制。

■ **本任务学习目标**

1. 认识温控器、热电偶、固态继电器。
2. 掌握恒温控制线路安装。

■ **本任务建议课时**

中职班：18　　高职班：18

■ **本任务工作流程**

1. 课前导读，进入学习状态。
2. 检查并讲评学生完成导读情况。
3. 看物识图，引入课题。
4. 认识温控器、热电偶、固态继电器。
5. 组织学生进行温控器、热电偶、固态继电器识别作业实习。
6. 巡回指导学生实习。
7. 结合拆解温控器实物，进行理论讲解。
8. 学习拓展知识，并对本任务学习综合测试。
9. 测试结束后，组织学生填写活动评价表。
10. 小结学生学习情况。

■ **任务教学准备**

　　材料设备：温控器、热电偶、固态继电器、加热棒（AC220/100W）、导线及插头、常用电工工具（螺丝刀、万用表、剥线钳等）等。

　　资料：维修手册、维修工单、安全操作规程。

■ 课前导读

　　请根据常识或查询资料，在表 7-1 右栏作出正确选择。

表 7-1　　　　　　　　　温控器、热电偶、固态继电器小测试

序　号	实施内容	答案选择
1	常见的温度控制器形式有？	双金属片式□　磁性□　热敏电阻□　　PTC□
2	自动保温式电饭锅的温度控制装置一般由什么组成？	磁钢限温器□　金属片恒温器□

序　号	实施内容	答案选择
3	电冰箱里有温控器吗?	有□　没有□
4	电冰箱中常用的温度控制器形式有?	压力式□　电子恒温式□　双金属片式□
5	热电偶是温度传感器吗?	是□　不是□
6	固态继电器简称?	SSR□　SSD□
7	交流固态继电器按开关方式分有?	电压过零导通型□　随机导通型□
8	温控器本身可以产生热,也可以制冷?	正确□　不正确□
9	温控器加热或冷却控制是通过热电偶传来的温度数据经内部微处理器计算后执行输出的?	正确□　错误□
10	固态继电器可应用于哪些场合?	计算机外围接口装置□　电炉加热恒温系统□　数控机械□　遥控系统□
11	固态继电器由哪三部分组成?	输入电路□　隔离耦合□　输出电路□
12	在相同的温度下产生热电势最大的热电偶是什么型热电偶?	S□　K□　E□　B□
13	固态继电器是一种无触点的继电器?	正确□　不正确□
14	热电偶是工业上最常用的温度检测元件之一,其优点是?	测量精度高□　测量范围广□　构造简单使用方便□
15	热电偶测量温度基于什么理论,下列哪一个定律和效应与热电偶测温有关?	光电效应□　维恩位移定律□　克希霍夫定律□　塞贝克定律□
16	可以使用直流固态继电器来控制交流吗?	可以□　不可以□
17	温度越高铂、镍、铜等材料的电阻值越?	大□　小□　不变□
18	可以使用交流固态继电器来控制直流吗?	可以□　不可以□
19	使用中的Ⅱ级S型热电偶,它的检定周期一般不超过?	两年□　一年□　半年□　三个月□
20	可以将多个固态继电器并联起来获得较高电流等级吗?	可以□　不可以□

■ 情景描述

检修电冰箱

送修冰箱是一台东芝 GR-228 直冷式电冰箱,该电冰箱压缩机时转时不转,有时能启动运转但不停机。

首先要分清是压缩机本身故障,还是控制电路有故障。单独对压缩机通电检查,结果工作正常。然后检测电子温控器到压缩机接线盒两端的电压,无 220V 电压。

当调节电冰箱操作面板上的温控开关时,有 220V 电压,但有时又自动没有电压。拆开电子温控器盒,查看电路板,从外观未发现明显损坏器件。该部分电路在原理图中,只是给了个框图,没有具体线路及检测数据,其中有一块集成块看不清型号。小明的师傅在市场上购买了一个电子器件,把冷藏室照明盒内的指示灯及门灯开关均去掉,用万用表电阻挡找到灯的两根接线,按普通型电冰箱的控制接法,将器件接好,通电试机一切正常。此冰箱修后,至今已使用两年多运行良好。请问你知道小明的师傅买了个什么东西接上去了吗?至此你知道故障原因出在哪里了吗?

■ 任务实施

任务实施 1　了解各种温度检测元件

请查找相关资料去了解下列几种温度检测元件，将它们的特点填入表 7-2。

表 7-2　　　　　　　　　　各种温度检测元件

序号	种类	特点
1	温控器	
2	固态继电器	
3	热电偶	

任务实施 2　电热水器的自动控制

如图 7-1 所示，温控器 S 的两个接线柱为 a 和 b，它的作用是当环境温度高于一定值时自动断开电路，环境温度低于一定值时自动接通电路。利用温控器的这个特点，请你用图 7-1 中给出的元件连接成一个电热水器的自动控制电路。

要求：

（1）使电热丝加热冷水时绿、红指示灯同时亮。

（2）水温达到一定值后，电热丝被自动切断，此时红指示灯灭，绿指示灯仍然亮。

（3）熔断器对电路起保护作用（设红、绿指示灯及电热丝的额定电压均为 220V）。

图 7-1　电热水器自动控制电路

任务实施 3　温度控制回路

（1）通过观看温度控制整个流程的演示，理解各个元器件（见图 7-2）的工作原理，熟悉热电偶的分类，能合理选择元器件实现整个系统的正常运作。

（2）在电气实训台上演练液控温度控制整个系统的工作过程。

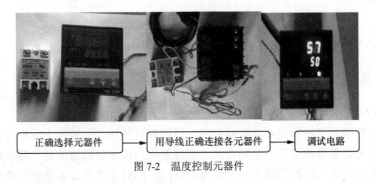

正确选择元器件 ➡ 用导线正确连接各元器件 ➡ 调试电路

图 7-2　温度控制元器件

任务实施 4　连接调试锁紧回路

（1）参照锁紧回路的温度控制原理图，找出所需的电器元件，逐个安装到实验台上。

（2）参照锁紧回路的温度控制原理图，将安装好的元件用导线进行正确的连接。

（3）全部连接完毕由老师检查无误后，接通电源，对回路进行调试。

① 接通电源前，先检查线路连接是否完全正确。

② 接通电源，再调节温度值，观察显示屏数值是否变化。

③ 接通加热器，使加热器开始工作，观察显示屏数值的变化状态。

④ 当温度加热到调定值时，观察固态继电器所控制回路的动作状态是否正确。

■ 活动评价

根据分组，任务实施活动结束后按表 7-3 进行综合考核。

表 7-3　　　　　　　　　　　信号检测与自动控制考核表

课程名称		设备维修基础	学习任务		T07　信号检测与自动控制	
学生姓名			工作小组			
评分内容	分值	自我评分		小组评分	教师评分	得分
了解各种温度检测元件	15					
电热水器的自动控制	15					
温度控制回路	15					
连接调试锁紧回路	15					
团结协作	10					
劳动学习态度	10					
安全意识及纪律	20					
权　重		15%		25%	60%	总分：
总体评价	个人评语：					
	教师评语：					

■ 相关知识

相关知识 1　　**认识温控器、热电偶、固态继电器**

一、温控器

1. 温控器的定义

温控器是指控制温度的智能或非智能开关，所以在有些场合又被称为温控开关，一般用于各类家用电器、机电设备等的温度控制场合，并能按照用户设定好的数值进行温度调节，以达到合适的温度。对家用电器，温控器除了调节温度的作用，同时也具有节省能源的作用，这十分符合现代提倡绿色家电的理念。

应用：输入端接通直流电源 3～32V，输出端可流过 40A 电流，实现了以弱信号控制强信号的功能。

2．温度控制系统的基本结构

温度控制系统的基本结构如图 7-3 所示，根据温度控制器的种类不同，可连接各种传感器与操作器。

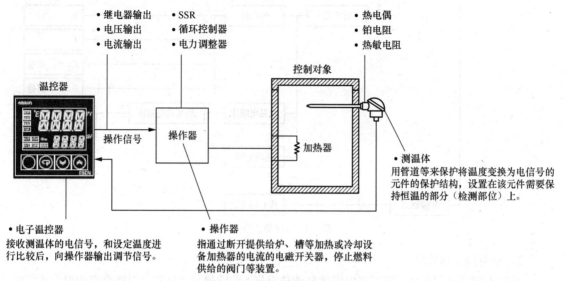

图 7-3　温度控制系统的基本结构

3．控制输出

温控器的控制输出类型如图 7-4 所示。

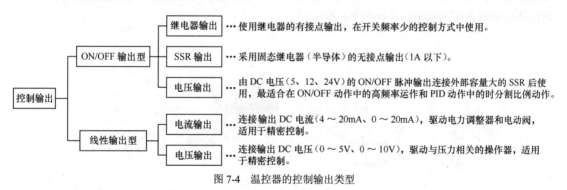

图 7-4　温控器的控制输出类型

4．温度测量的分类

温度测量可以分成如图 7-5 所示的几类。

二、热电偶

1．概述

热电偶是一种最简单、最普通的温度传感器。作为工业测温中最广泛使用的温度传感器之一——热电偶，与铂热电阻一起，约占整个温度传感器总量的 60%。热电偶通常和显示仪表等配套使用，直接测量各种生产过程中-40～1800℃范围内的液体、蒸汽和气体介质以及固体的表面温度。

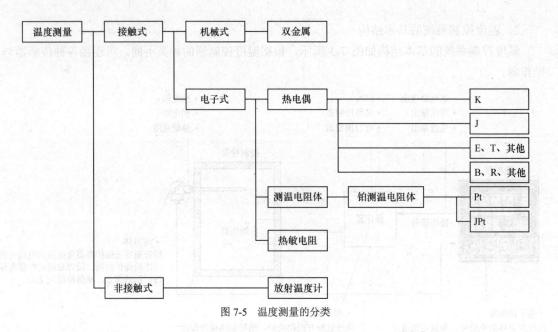

图 7-5　温度测量的分类

2．热电偶工作原理

两种不同成分的导体（称为热电偶丝材或热电极）两端接合成回路，当接合点的温度不同时，在回路中就会产生电动势，这种现象称为热电效应，而这种电动势称为热电势。热电偶就是利用这种原理进行温度测量的（见图 7-6），其中，直接用作测量介质温度的一端叫作工作端（也称为测量端），另一端叫作冷端（也称为补偿端）。冷端与显示仪表或配套仪表连接，显示仪表会指出热电偶所产生的热电势，如图 7-6 所示。

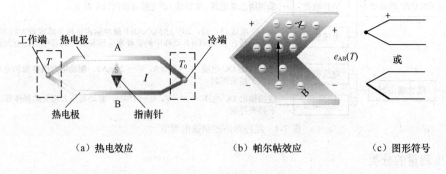

（a）热电效应　　　　　　　　（b）帕尔帖效应　　　　　　　（c）图形符号

图 7-6　热电偶的工作原理

三、固态继电器

1．固态继电器的定义

固态继电器（亦称固体继电器）（Solid State Relay，SSR）是用半导体器件代替传统电接点作为切换装置的具有继电器特性的无触点开关器件，单相 SSR 为四端有源器件，其中两个输入控制端，两个输出端，输入输出间为光隔离，输入端加上直流或脉冲信号到一定电流值后，输出端就能从断态转变成通态。固态继电器（SSR）与机电继电器相比，是一种没有机械运动，不含运动零件的继电器，但它具有与机电继电器本质上相同的功能。固态继电器实物和符号如图7-7所示。

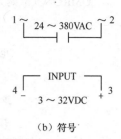

2．固态继电器的优缺点

固态继电器工作可靠，寿命长，无噪声，无火花，无电磁干扰，开关速度快，抗干扰能力强，且体积小，耐冲击，耐振荡、防爆、防潮、防腐蚀，能与 TTL、DTL、HTL 等逻辑电路兼容，以微小的控制信号达到直接驱动大电流负载。主要不足是

（a）实物　　　　（b）符号

图 7-7　固态继电器

存在通态压降（需相应散热措施），有断态漏电流，交直流不能通用，触点组数少，另外过电流、过电压及电压上升率、电流上升率等指标差。

3．固态继电器应用范围

固态继电器目前已广泛应用于计算机外围接口装置，电炉加热恒温系统，数控机械，遥控系统，工业自动化装置；信号灯、闪烁器、照明舞台灯光控制系统；仪器仪表、医疗器械、复印机、自动洗衣机；自动消防，保安系统，以及作为电网功率因数补偿的电力电容的切换开关等。另外，在化工、煤矿等需防爆、防潮、防腐蚀场合中都有大量使用。

4．固态继电器分类

交流固态继电器按开关方式分，有电压过零导通型（简称过零型）和随机导通型（简称随机型）；按输出开关元件分，有双向可控硅输出型（普通型）和单向可控硅反并联型（增强型）；按安装方式分，有印刷线路板上用的针插式（自然冷却，不必带散热器）和固定在金属底板上的装置式（靠散热器冷却）；另外，输入端又有宽范围输入（DC 3～32V）的恒流源型和串电阻限流型等。

相关知识2　温控器的使用

1．温控器的温度控制原理图

温控器的温度控制原理图如图 7-8 所示。

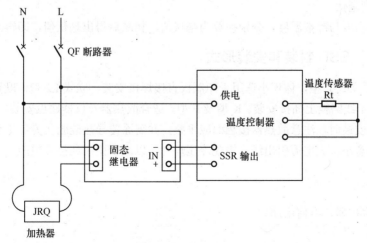

图 7-8　温度控制原理图

2. 温控器外部接线图

OMRON（欧姆龙）E5EZ 温控器外部接线图如图 7-9 所示。

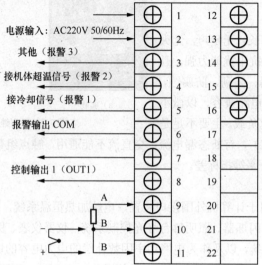

电源输入：AC220V 50/60Hz

其他（报警 3）

接机体超温信号（报警 2）

接冷却信号（报警 1）

报警输出 COM

控制输出 1（OUT1）

备注：
1. 对于报警输出规定：报警 1 作为冷却报警信号，报警 2 作为超温报警信号输出，报警 3 作为其他控制，如控制到温信号、低温信号等
2. 端子 6 为报警输出公共端，接线时请注意
3. 对于焗炉、隧道炉控制使用 SSR 时请按热电偶方式接线

图 7-9　OMRON E5EZ 温控器外部接线图

■ 知识拓展

知识拓展 1　热电偶冷端补偿计算方法

1. 从毫伏到温度

测量冷端温度，换算为对应毫伏值，与热电偶的毫伏值相加，换算出温度。

2. 从温度到毫伏

测量出实际温度与冷端温度，分别换算为毫伏值，相减后得出毫伏值，即得温度实际值。

知识拓展 2　SSR 封装和安装形式

卧式 W 型、立式 L 型，体积小适用于印制板直接焊接安装。立式 L2 型，既适合于线路板焊接安装，也适用于线路板上插接安装。K 型及 F 型，适合散热器及仪器底板安装。大功率 SSR（K 型和 F 型封装）安装时，注意散热器接触面应平整，并需涂覆导热硅脂（美宝 T-50）。安装力矩愈大，接触热阻愈小。大电流引出线，需配冷压焊片，以减少引出线接点电阻。

课后练习

1. 什么是温控器，有何用途？

2. 什么是固态继电器，有什么优缺点？

3. 用热电偶测温度时，发现热电势输出不稳定，是什么原因引起的？

4. 设计一个简单的 SSR 应用电路

（1）认真阅读指导材料。

（2）熟悉各类元器件及引脚分布，判别器件的好坏。

（3）将元器件安插在铆钉板上，依据原理图连线和焊接，注意一些基本原则。

（4）准备 2 节 5 号电池，作为直流输入控制信号。

（5）电路测试。

课后思考

有一种 WSJ-60 型电水壶，图 7-10 所示为电水壶的实物及电路图。L_1 为电源指示灯、L_2 为保温指示灯、L_3 为加热指示灯，R_1、R_2、R_3 为指示灯的保护电阻，其大小为 $100k\Omega$ 左右；R 为加热器，其电阻小于 100Ω；S_1、S_2 为压键开关；ST 温控器是一个双金属片温控开关，当温度较低时，其处于闭合状态，当温度升高到一定值后，会自动断开，从而实现了自动温度开关控制。

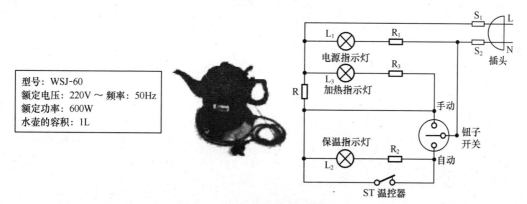

图 7-10 WSJ-60 型电水壶实物及电路

当水壶放在底座上时，分别压下压键开关 S_1、S_2，就接通了电源，电源指示灯点亮。该壶有手动和自动两种工作状态。当钮子开关拨到手动挡时，加热器电阻连入，开始加热，水沸腾以后再将钮子开关拨回。当钮子开关拨到自动挡时，此时通过 ST 温控器将加热器电阻连入，并开始加热；当水沸腾后，ST 温控器的触点断开，进入保温状态，保温指示灯亮；当水的温度低于某温度后，ST 温控器又重新接通，再次进入加热状态。

若加热器电阻阻值随温度改变而发生的变化可忽略不计，根据以上叙述与观察，请回答以下问题。

1．在下列空格中填写"亮"或"不亮"。

（1）手动状态通电工作时，电源指示灯_____，加热指示灯_____，保温指示灯_____。

（2）自动状态通电工作时，水沸腾前：电源指示灯_____，加热指示灯_____，保温指示灯_____；水沸腾后：电源指示灯_____，加热指示灯_____，保温指示灯_____。

2．现将一满壶 25℃的水在标准大气压下烧开需时 10min，请计算该电水壶的热效率。水的比热 $c=4.2\times10^{3}$J/(kg·℃)。

3．通过分析电水壶的电路，说明为什么处于自动状态下，水未沸腾前，保温指示灯是不亮的。

4．试计算电水壶正常工作时其加热器电阻的阻值是多大。如果指示灯的保护电阻的大小是 100kΩ，当它处于保温状态时，试计算电水壶保温时的功率有多大。由此可以说明什么问题？

任务八 8 砂轮机原理与维护保养

在国民经济各部门中，广泛地使用着各种各样的生产机械。目前拖动生产机械的原动机一般都是采用电动机。电机是以电磁感应和电磁力定律为基本工作原理进行电能的传递或机电能量转换的机械，而控制电机运转则需要相应的电气元件及控制电路。因此我们必须掌握相关电气元件知识和电路原理，从而进一步掌握设备线路维修的基本技能。

■ **本任务学习目标**
　　1. 熟悉常用电气元件的结构、规格、型号。
　　2. 掌握典型电力拖动线路的工作原理和电路应用。
　　3. 了解砂轮机的结构和电路工作原理。
　　4. 掌握砂轮机安全操作规程和砂轮机的维护保养。

■ **本任务建议课时**
　　中职班：8　　高职班：8

■ **本任务工作流程**
　　1. 课前导读，进入学习状态。
　　2. 检查并讲评学生完成导读情况。
　　3. 认识低压电气元件。
　　4. 结合图片，组织学生讨论回路。
　　5. 典型电力拖动控制线路和元器件的应用。
　　6. 砂轮机电路原理分析。
　　7. 砂轮机模拟电路配电盘安装与接线。
　　8. 砂轮机维护与保养。
　　9. 测试结束后，组织学生填写活动评价表。
　　10. 小结学生学习情况。

■ **任务教学准备**
　　案例相关图片资料及课件、电工工具、电气元件、导线、砂轮机等。

■ **课前导读**

　　电气元件知多少——看图识物。请根据常识或查询资料，在表 8-1 右栏中写出每个元件的名称、文字符号，并画出其图形符号。

表 8-1 常用低压电气元件

	名称：_____
	文字符号：_____
	图形符号：_____
	名称：_____
	文字符号：_____
	图形符号：_____
	名称：_____
	文字符号：_____
	图形符号：_____
	名称：_____
	文字符号：_____
	图形符号：_____
	名称：_____
	文字符号：_____
	图形符号：_____

续表

	名称：_____ 文字符号：_____ 图形符号：_____
	名称：_____ 文字符号：_____ 图形符号：_____
	名称：_____ 文字符号：_____ 图形符号：_____
	名称：_____ 文字符号：_____ 图形符号：_____

■ 小知识

工作在交流额定电压 1200V 及以下、直流额定电压 1500V 及以下的电器称为低压电器。

■ 情景描述

砂轮机的抢修

实习工厂砂轮机出现电路故障，急需维修，工厂负责人把这一任务交给维修电工班检修，要求尽快修复，避免影响正常的生产。

■ 任务实施

任务实施 1 **低压电器元件应用**

图 8-1 所示为交流接触器自锁正转控制电路，请结合"课前导读"部分各元件进行分析，然后填写表 8-2。

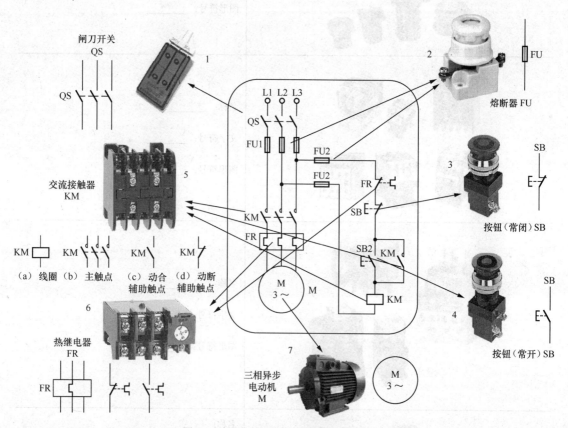

图 8-1　交流接触器自锁正转控制电路与元件

表 8-2　　　　　　　　　　　　　电气元件名称及作用

序号	元件名称	作用
1		
2		
3		
4		
5		
6		
7		

任务实施 2　问题讨论

图 8-1 所示为交流接触器自锁正转控制电路，每个元件在电路中都有其自己的作用。请思考如下问题，然后填写表 8-3。

1. 什么是主令电器？图 8-1 中哪些元件属于主令电器？

2. 一般情况下，红色按钮和绿色按钮分别代表什么含义？

3. 什么叫自锁，图 8-1 中 KM 辅助常开触头有什么作用？

4. 热继电器是如何对电动机进行过载保护的？

表 8-3　　　　　　　　　回路分析答题卡

问题序号	答　案
1	
2	
3	
4	

任务实施 3　砂轮机电路原理分析

砂轮机的电动机采用交流接触器自锁正转控制，具有短路、过载、失压、欠压保护。

1. 填写图 8-2 中元器件的名称。

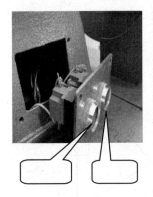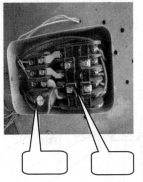

图 8-2　砂轮机

2. 根据图 8-3 铭牌上砂轮机参数合理选择元器件，并填写表 8-4。

表 8-4　　　　　元器件规格与型号

序号	名称	规格与型号
1	空气开关	
2	按钮	
3	交流接触器	
4	热继电器	
5	导线（主电路）	
6	导线（控制电路）	

M3325E除尘砂轮机

砂轮安全线速度：40m/s	同步转速：3000r/min
额定功率：1.1kW	额定频率：50Hz
额定电流：1.8A	绝缘等级：E级
重　量：110kg	工作方式：S2（30min）
出厂编号：	出厂日期：20　年 1 月

重庆金国凯物机床厂

图 8-3　砂轮机铭牌

3. 补充完成砂轮机电气控制图（见图8-4），并分析其工作原理。

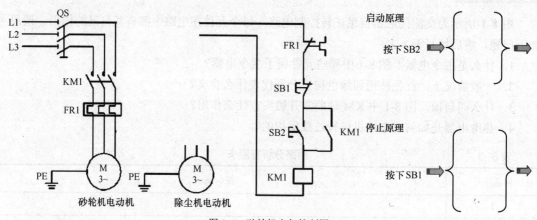

图 8-4 砂轮机电气控制图

任务实施 4　砂轮机模拟电路配电盘安装与接线

1. 工具材料的准备

要准备的工具材料有纸、笔、"十"字螺丝刀（3mm、6mm 各一把）、"一"字螺丝刀（3mm）、万用表、导线若干、相关电器元器件等。

2. 安装前期工作

（1）识读电路图，明确线路所用电器元件及其作用，熟悉线路的工作原理。

（2）根据电路图或元件明细表配齐电器元件，并进行检验。

（3）根据电路图画出接线图（见图8-5）。

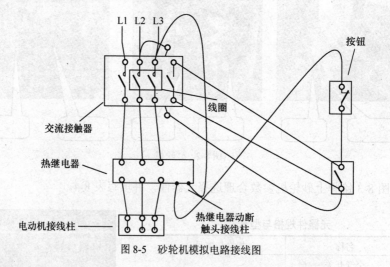

图 8-5 砂轮机模拟电路接线图

3. 元件布置和固定

按要求在控制板上固装电器元件（电动机除外），并贴上醒目的文字符号，如图8-6所示。

4. 接线

（1）根据电动机容量选配主电路导线的截面。主电路导线一般采用截面为 1mm^2 的 BVR 铜芯线（黑色），按钮线一般采用截面为 0.75mm^2 的 BVR 铜芯线（红色），接地线一般采用截面不小于 1.5 mm² 的 BVR 铜芯线（黄绿双色）。

（2）根据接线图布线，同时将剥去绝缘层的两端线头套上标有与电路图相一致编号的编码套管，如图 8-7 所示。

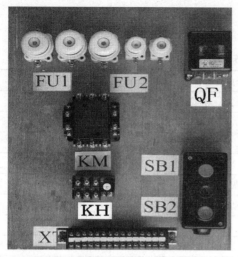

图 8-6 砂轮机模拟电路元件布置图

图 8-7 砂轮机模拟电路布线图

5．通电准备

（1）连接电动机和所有电器元件金属外壳的保护接地线（见图 8-8）。

（2）连接电源、电动机等控制板外部的导线。

（3）自检、交验。

① 主电路：万用表打在 R×1 挡，按下 KM1，表笔分别接在 FU1 三个熔断器到电动机三个端子 U11—U、V11—1、W11—W，这时表针指在零。

② 控制电路：万用表打在 R×100 或 R×1k 挡，表笔接 FU2 两个熔断器。

a．按下 SB1，表针指在 1kΩ 左右，同时按下 SB2，指针指向"∞"。

b．按下 KM1，指针指在 1kΩ 左右，同时按下 SB2，指针指向"∞"。

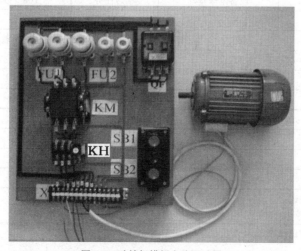

图 8-8 砂轮机模拟电路调试图

6. 通电试车

以上各项准备工作完成后即可通电试车

任务实施5 砂轮机维护与保养

完成表 8-5 中的空白内容。

表 8-5　　　　　　　　　　　　　砂轮机维护与保养点检表

序　号	点检部位	点检方法	点检基准	处置
1	机台外表	目视	清洁、无灰尘、无油污、无锈蚀	清扫
2	防护罩	目视、搬动		紧固、更换
3	磨刀托架	目视、搬动		紧固、更换
4	砂轮	目视		更换
5	除尘装置	目视	灰尘盒清洁	清扫
6	输入电压	测试	三相 380V，波动范围为 90%～110% 以内	更换电源
7	对地电阻	测试	小于 4Ω	更换
8	空气开关	目视、测试		清扫、紧固、测试、更换
9	按钮	目视、测试		紧固、测试、更换
10	配电盒	目视	无杂物、无灰尘、无变色、无糊味、无积水	
11	接触器	目视、测试、搬动	接线不得松动、动作灵敏	
12	热继电器	目视、测试、搬动		清扫、紧固、更换
13	电机	目视、搬动、听觉		清扫、测量、更换

■ 活动评价

根据分组，任务实施活动结束后按表 8-6 进行综合考核。

表 8-6　　　　　　　　　　　　砂轮机电路安装及检测考核表

课程名称		设备维修基础	学习任务		T08　砂轮机原理与维护保养	
学生姓名			工作小组			
评分内容	分值	自我评分		小组评分	教师评分	得分
低压电器元件识别	15					
砂轮机电路检测	15					
砂轮机维护保养	30					
团结协作	10					
劳动学习态度	10					
安全意识及纪律	20					
权　重		15%		25%	60%	总分：
总体评价	个人评语：					
	教师评语：					

■ 相关知识

砂轮机使用说明与保养规程

1．砂轮机使用说明

（1）砂轮机不准装倒顺开关，旋转方向禁止对着主要通道。

（2）砂轮机安装必须牢固可靠，转动中不应有明显的震动现象。砂轮机必须有牢固合适的砂轮罩，托架平面要平整，否则不得使用。

（3）砂轮与防护罩的间隔大于5mm以上，砂轮与磨刀托架的距离应控制低于砂轮中心3～5mm为宜。

（4）砂轮不圆、有裂纹、磨损剩余部分不足25mm的不准使用，要更换砂轮。

（5）安装砂轮时，必须检查砂轮本身有无裂纹、缺陷及线速度是否适当，安装时夹紧力要适中，不得重力敲打，螺母不能上过松、过紧，在使用前应检查螺母是否松动。

（6）砂轮安装好后，应空转3～5min，视其运行的均匀、平衡情况后再决定使用。

（7）使用前应先检查设备是否完好无损，装水管要盛满水，盘动砂轮是否卡死或损坏，启动后，待运转正常，方可使用。

（8）使用砂轮机时应戴好专用防护面罩，衣袖扣要扣好，不许戴手套或用棉纱头等包着工件。

（9）开动砂轮时必须等40～60s转速稳定后方可磨削，磨削刀具时应站在砂轮的侧面，不可正对砂轮，以防砂轮片破碎飞出伤人，严禁两人同时使用一片砂轮。

（10）磨削工件时，要注意把握工件，不得用力过猛或磨削笨重工件。避免产生撞击、滑移造成砂轮伤手或破裂现象，禁止使用侧面磨削，使用砂轮时工件应左右缓慢移动，避免砂轮产生凹槽现象。

（11）使用完毕应随手关闭砂轮机电源，将设备及环境卫生清理后方能离开。

（12）必须定期对砂轮机进行检查及维修保养工作，确保设备的安全运行。

2．砂轮机保养规程

（1）清洁保养。用干抹布对设备进行除污，要求每月进行一次。

（2）运转状况。接通电源，打开开关，查看设备是否正常运转，此操作应每月进行一次。

（3）润滑保养。定期用润滑油对砂轮机的齿轮进行保养，要求每月进行一次。

（4）电气保养。接通电源，打开开关，查看设备是否能正常启动，电路是否正常，要求每周进行一次。

（5）防锈保养。将设备移至宽敞环境，全面检查其金属壳体部分有无锈蚀，必要时进行刷漆保养处理，要求每半年进行一次。

常用电器元件的选用

1．交流接触器（见图8-9）的选用

（1）根据负载性质来选择，见表8-7。

图8-9　交流接触器

表 8-7   常见接触器的用途

电流类型	使用类别代号	典型用途举例
AC（交流）	AC—1	无感或微感负载、电阻炉
	AC—2	绕线式电动机的启动、停止
	AC—3	鼠笼式异步电动机的启动、停止
	AC—4	鼠笼式异步电动机的启动、反接制动、反向、点动
DC（直流）	DC—1	无感或微感负载、电阻炉
	DC—3	并励电动机的启动、反接制动、反向、点动
	DC—5	串励电动机的启动、反接制动、反向、点动

（2）根据接触器的额定电流和额定电压选择。

接触器的额定电流如下。

直流：25A、40A、60A、100A、150A、250A、400A、600A；

交流：10A、20A、40A、60A、100A、150A、250A、400A、600A。

接触器的额定电压如下。

直流：220V、440V、660V；

交流：220V、380V、660V。

（3）根据线圈的额定电压选择。

接触器线圈的额定电压如下。

直流：24V、48V、110V、220V、440V；

交流：36V、110V、220V、380V。

（4）根据主触点的类型及数量（特别是直流接触器）选择。

（5）选用接触器时还要注意启动功率与吸持功率、接通与分断能力、寿命等参数。

2．热继电器（见图 8-10）的选用

（1）热元件额定电流的选择。

一般情况下热元件额定电流按电动机额定电流来选择。

对于过载能力较差的电动机，热元件额定电流应适当降低。

（2）热继电器额定电流与额定电压的选择。

图 8-10　热继电器

热继电器的额定电流：大于或等于热元件的额定电流。

热继电器的额定电压：大于或等于线路和额定电压。

（3）其他选择。

① 相数及是否带断相保护等的选择：二相或三相。

② 三相：带断相保护和不带断相保护。

③ 自动复位与手动复位等。

④ 安装方式的选择：组合式或单独安装式、导轨安装式。

注意

电动机的启动时间较长（>6s），启动时应将热元件从电路中切除或短接，待启动结束后再将热元件接入电路，以免误动作。

对于频繁通断的电动机，不宜采用热继电器作过载保护，可选用装入电动机内部的温度保护器。

3．熔断器（见图 8-11）的选用

（1）熔断器类型的选择。熔断器有以下一些常见类型。

① RC1A 系列瓷插式熔断器；

② RL6/RL7/RL96/RLS2/RL1BT 系列螺旋式熔断器；

③ RT14/RT18 系列塑壳式熔断器；

④ NT(RT16) 有填料管式刀型触点熔断器；

⑤ NGT(RS)系列半导体器件保护用熔断器。

图 8-11 熔断器

（2）熔体额定电流的选择。

熔体额定电流与负载大小、负载性质有关。

对于一般照明电路、电热电路等负载，可按负载电流大小来确定熔体的额定电流。

对于电动机负载，可按如下公式来确定熔体的额定电流。

单台：$I_{NP} = (1.5 \sim 2.5) I_{NM}$

多台：$I_{NP} = (1.5 \sim 2.5) I_{NMmax} + \sum I_{NM}$

其中，I_{NP} 为熔体的额定电流，I_{NM} 为电动机的额定电流。

（3）熔断器额定电流与额定电压的选择。

熔断器额定电流：大于或等于熔体的额定电流；

熔断器额定电压：大于或等于电路的工作电压。

在照明、电加热等电路中，熔断器 FU 既可以作短路保护，也可以作过载保护。但对三相异步电动机控制线路来说，熔断器只能作短路保护。这是因为三相异步电动机的启动电流很大（全压启动时的启动电流能达到额定电流的 4～7 倍），若用熔断器作过载保护，则选择的额定电流就应等于或稍大于电动机的额定电流，这样电动机在启动时，由于启动电流大大超过了熔断器的额定电流，使熔断器在很短的时间内熔断，造成电动机无法启动，所以熔断器只能作短路保护。

4．刀开关（见图 8-12）的选用

（1）参数选择。选择极数、额定电流（≤630A）、额定电压（≤660V）、通断能力等。

（2）类型选择。

HR5 系列熔断器式开关（100A、200A、400A、630A）；

HH15 系列熔断器式隔离开关（63A、125A、160A、250A、400A、630A）。

图 8-12 刀开关

5．组合开关（见图 8-13）的选用

（1）参数选择。选择位数（2～4）、极数（1～4）、额定电流（≤100A）、额定电压（≤380V）、通断能力等。

（2）类型选择。

HZ5 系列普通型组合开关（10A、20A、40A、60A）；

HH10 系列组合开关（10A、25A、60A、100A）。

图 8-13 组合开关

6．万能转换开关（见图 8-14）的选用

（1）参数选择。选择位数（2～11）、接线图编号、额定电流、额定电压、通断能力等。

（2）类型选择。

LW5 系列（≤500V，可控制 5.5kW 及以下电机）；

LW6 系列（≤380V 或-220V/≤5A）；

LW12 系列（≤380V 或-220V，可控制 5.5kW 及以下电机）。

7．断路器（见图 8-15）的选用

（1）类型选择。

根据用途选择断路器的型式及极数；

根据需要选择脱扣器的类型、附件的种类和规格。

图 8-14　万能转换开关

图 8-15　断路器

图 8-16　控制按钮

（2）参数选择。

断路器的额定工作电压≥线路额定电压；

断路器的额定短路通断能力≥线路计算负载电流；

断路器的额定短路通断能力≥线路中可能出现的最大短路电流；

线路末端单相对地短路电流≥1.25 倍断路器瞬时（或短延时）脱扣整定电流；

断路器用于照明电路时，电磁脱扣器的瞬时整定电流一般取负载电流的 6 倍。

（3）单台电动机的短路保护。瞬时脱扣器的整定电流为电动机启动电流的 1.35 倍（DW 系列断路器）或 1.7 倍（DZ 系列断路器）。

（4）多台电动机的短路保护。瞬时脱扣器的整定电流为 1.3 倍最大一台电动机的启动电流再加上其余电动机的工作电流。

8．控制按钮（见图 8-16）的选用

（1）选择规格。选择额定电压（≤660V 或-440V）、额定电流（≤10A）圆形头或方形头、安装尺寸（$\phi12\sim\phi30$mm）。

（2）选择结构形式。可选择普通式、紧急式（J）、钥匙式（Y）、旋钮式（X）、带灯式（D）、组合式等。

（3）选择动作方式：自动复位、非自动复位。

（4）选择颜色：红、绿、黑、黄、白、蓝等。

（5）选择触点数：≤6 常开、6 常闭。

（6）选择保护方式：开启式（K）、保护式（H）、防水式等。

■ 小知识

对启动按钮而言，按下按钮帽时触头闭合，松开后触头自动断开复位；停止按钮则相反，按下按钮帽时触头分断，松开后触头自动闭合复位。复合按钮是当按下按钮帽时，常闭触头先断开后，常开触头才闭合；当松开按钮帽时，则常开触头先断开复位后，常闭触头再闭合复位。

■ 知识拓展

知识拓展 1　　按钮的颜色及意义

按钮颜色及其意义见表 8-8。

表 8-8 按钮颜色及其意义

颜色	意义	说明	应用范例
红色	紧急	在危险或紧急事件中致动	紧急停止、激活紧急功能
黄色	不正常	在不正常情况下致动	终止不正常情况
绿色	正常	致动以激活正常情况	激活
蓝色	强制	在需要强制行动时致动	重置装置
白色	无指定意义	除紧急停止外一般功能的激活	激活（较佳）、停止
灰色			激活、停止
黑色			激活、停止（较佳）

知识拓展 2 电路图的绘制与识读

电路图是根据生产机械运动形式对电气控制系统的要求，采用国家统一规定的电气图形符号和文字符号，按照电气设备和电器的工作顺序，详细表示电路、设备或成套装置的全部基本组成和连接关系，而不考虑其实际位置的一种简图。

绘制、识读电路图时应遵循以下原则。

（1）电路图一般分电源电路、主电路和辅电路三部分绘制。

① 电源电路画成水平线，三相交流电源相序 L1、L2、L3 自上而下依次画出，中性线 N 和保护地线 PE 依次画在相线之下。直流电源的"+"端画在上边，"-"端在下边画出。电源开关要水平画出。

② 主电路是指受电的动力装置及控制、保护电器的支路等，它是由主熔断器、接触器的主触头、热继电器的热元件以及电动机等组成。主电路通过的电流是电动机的工作电流，电流较大。主电路图要画在电路图的左侧并垂直电源电路。

③ 辅助电路一般包括控制主电路工作状态的控制电路、显示主电路工作状态的指示电路、提供机床设备局部照明的照明电路等。它是由主令电器的触头、接触器线圈及辅助触头、继电器线圈及触头、指示灯和照明灯等组成。辅助电路通过的电流都较小，一般不超过 5A。画辅助电路图时，辅助电路要跨接在两相电源线之间，一般按照控制电路、指示电路和照明电路的顺序依次垂直画在主电路图的右侧，且电路中与下边电源线相连的耗能元件（如接触器和继电器的线圈、指示灯、照明灯等）要画在电路图的下方，而电器的触头要画在耗能元件与上边电源线之间。为读图方便，一般应按照自左至右、自上而下的排列来表示操作顺序。

（2）电路图中，各电器的触头位置都按电路未通电或电器未受外力作用时的常态位置画出。分析原理时，应从触头的常态位置出发。

（3）电路图中，不画各电器元件实际的外形图，而采用国家统一规定的电气图形符号画出。

（4）电路图中，同一电器的各元件不按它们的实际位置画在一起，而是按其在线路中所起的作用分画在不同电路中，但它们的动作却是相互关联的，因此，必须标注相同的文字符号。若图中相同的电器较多时，需要在电器文字符号后面加注不同的数字，以示区别，如 KM1、KM2 等。

（5）画电路图时，应尽可能减少线条和避免线条交叉。对有直接电联系的交叉导线连接点，要用小黑圆点表示；无直接电联系的交叉导线则不画小黑圆点。

（6）电路图采用电路编号法，即对电路中的各个接点用字母或数字编号。

① 主电路在电源开关的出线端按相序依次编号为 U11、V11、W11。按从上至下、从左至右的顺序，每经过一个电器元件后，编号要递增，如 U12、V12、W12，U13、V13、W13 等。单台三相

交流电动机（或设备）的三根引出线按相序依次编号为 U、V、W。对于多台电动机引出线的编号，为了不致引起误解和混淆，可在字母前用不同数字加以区别，如 1U、1V、1W，2U、2V、2W 等。

② 辅助电路编号按"等电位"原则从上至下、从左到右的顺序用数字依次编号，每经过一个电器元件后，编号要依次递增。控制电路编号的起始数字必须是 1，其他辅助电路编号的起始数字依次递增 100，如照明电路编号从 101 开始，指示电路编号从 201 开始等。

图 8-17 所示为 CA6140 型车床电气控制线路。

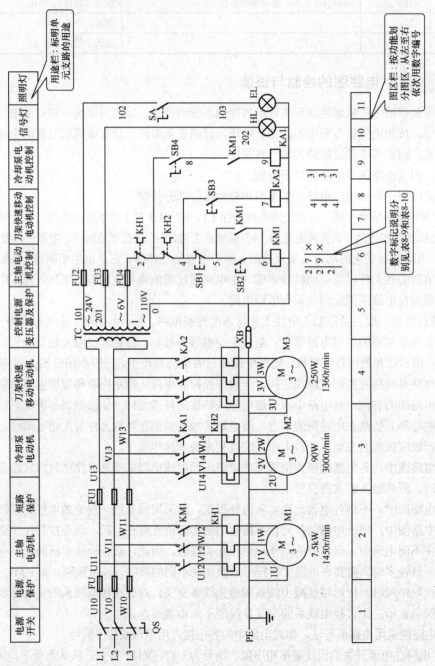

图 8-17　CA6140 型车床电气控制线路

表 8-9　　　　　　　　　　　　　接触器线圈符号下的数字标记

栏目			左栏	中栏	右栏
左	中	右	主触头所处的图区号	辅助常开触头所处的图区号	辅助常闭触头所处的图区号
KM1 2|7|× 2||× 2|9			表示 3 对主触头均在图区 2	表示一对辅助常开触头在图区7，另一对常开触头在图区 9	表示 2 对辅助常闭触头未用

表 8-10　　　　　　　　　　　　　继电器线圈符号下的数字标记

栏目		左栏	右栏
左	右	常开触头所处的图区号	常闭触头所处的图区号
KA2 4 4 4		表示 3 对常开触头均在图区 4	KA2 常闭触头未用

课后练习

1. 电气元件的识别和检测

识别电器元器件规格型号，用万用表检测并判断本任务电路中所有的电气元件好坏。

2. 电动机绝缘电阻的测量

用兆欧表检测电动机绝缘电阻，并判断电动机是否符合绝缘要求。

3. 电路故障设置与排除

小组之间进行故障设置和排除练习

课后思考

某 CA6140 型车床电路出现故障（电路见图 8-17），主轴电动机和刀架快移电动机能正常启动工作，但冷却泵电动机不工作。问题可能出在哪里？为什么会出现这样的现象？怎样解决？

任务九

9 机床双速主轴控制

机床主轴根据机床的性能和用途有多种控制方式。有的只需要主轴正转，有的需要主轴正反转，有的则需要在正反转的基础上加上双速电机配合齿轮变速。现在一般数控机床主轴采用变频器无极调速，精度要求高可采用伺服主轴或转速及精度更高的电主轴。无论采用什么控制方式，都离不开电路对其的控制。

■ **本任务学习目标**

　　1. 了解机床主轴控制方式，建立分析问题的思维方法。

　　2. 学会机床电路检测的基本方法与思路。

　　3. 遵守安全操作规程。

■ **本任务建议课时**

　　中职班：8　　高职班：8

■ **本任务工作流程**

　　1. 课前导读，进入学习状态。

　　2. 检查并讲评学生完成导读情况。

　　3. 看物识图，引入课题。

　　4. 结合图片，组织学生讨论。

　　5. 兆欧表使用。

　　6. 双速电机识别、检测和电路的安装。

　　7. 练习电路检测的方法。

　　8. 学习拓展知识，并对本任务学习综合测试。

　　9. 测试结束后，组织学生填写活动评价表。

　　10. 小结学生学习情况。

■ **任务教学准备**

　　案例相关图片资料及课件、试电笔、万用表、螺丝刀、钳形电流表、兆欧表、双速电动机、导线等。

■ **课前导读**

　　电工仪表知多少——看图识物。请根据常识或查询资料，在表 9-1 右栏中写出每个仪表的名称和作用。

表9-1 　　　　　　　　　　　　　　　　常见电工仪表

序号	图片	名称和作用
1		名称：＿＿＿＿＿＿＿ 作用：＿＿＿＿＿＿＿ ＿＿＿＿＿＿＿＿＿＿ ＿＿＿＿＿＿＿＿＿＿
2		名称：＿＿＿＿＿＿＿ 作用：＿＿＿＿＿＿＿ ＿＿＿＿＿＿＿＿＿＿ ＿＿＿＿＿＿＿＿＿＿ ＿＿＿＿＿＿＿＿＿＿
3		名称：＿＿＿＿＿＿＿ 作用：＿＿＿＿＿＿＿ ＿＿＿＿＿＿＿＿＿＿ ＿＿＿＿＿＿＿＿＿＿ ＿＿＿＿＿＿＿＿＿＿
4		名称：＿＿＿＿＿＿＿ 作用：＿＿＿＿＿＿＿ ＿＿＿＿＿＿＿＿＿＿ ＿＿＿＿＿＿＿＿＿＿ ＿＿＿＿＿＿＿＿＿＿
5		名称：＿＿＿＿＿＿＿ 作用：＿＿＿＿＿＿＿ ＿＿＿＿＿＿＿＿＿＿ ＿＿＿＿＿＿＿＿＿＿ ＿＿＿＿＿＿＿＿＿＿

续表

序号	图片	名称和作用
6		名称：＿＿＿＿＿＿ 作用：＿＿＿＿＿＿ ＿＿＿＿＿＿＿＿＿ ＿＿＿＿＿＿＿＿＿ ＿＿＿＿＿＿＿＿＿
7		名称：＿＿＿＿＿＿ 作用：＿＿＿＿＿＿ ＿＿＿＿＿＿＿＿＿ ＿＿＿＿＿＿＿＿＿ ＿＿＿＿＿＿＿＿＿

■ 情景描述

铣床维修

一台开放式数控铣床，主轴在工作过程中突然停止转动。电工小李对其线路进行分析。这台铣床主轴采用变级双速电动机拖动，电动机用万能转换开关直接进行启动、停止、正转、反转、高速、低速的控制。电动机热继电器过载保护触头串接在电源启动电路中，检测发现正是此热继电器保护断开。小李经过简单检测后，怀疑电动机有问题，就对其进行测量，发现电动机U、V、W三相绕组之间有电阻，于是判定电动机烧坏。

你认为小李的检测结论正确吗？

■ 任务实施

任务实施 1　**看铭牌识别电动机**

根据表9-2中的电动机铭牌识别电动机。

表9-2　　　　　　　　　　常见电动机铭牌

序号	电动机铭牌	电动机名称及用途
1	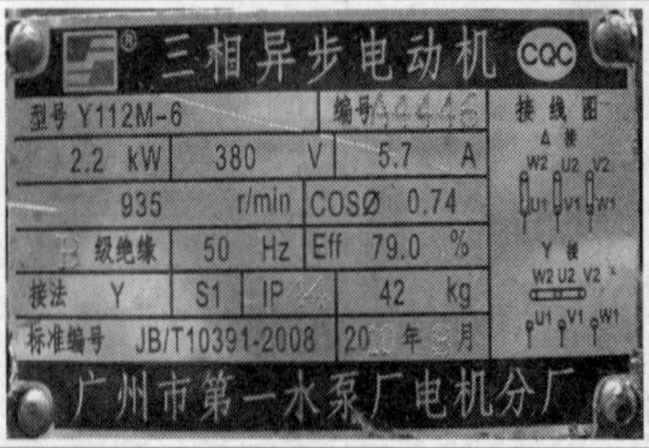	

续表

序号	电动机铭牌	电动机名称及用途
2	变极双速三相异步电动机 型号 YD　　　编号 kW　　A 接法△/YY　接线图 r/min 380 V 50 Hz 绝缘B级 防护等级 IP44 Lw　dB(A)　kg 高速 低速 工作制 S₁ JB/T7127-93 出厂200 年 月 (YY) (△) 常州市中工电机厂 制造商:常州市科界机电有限公司	
3	单相异步电动机 红赞 型号 YXQ-250 250W、220V、2.0A、50Hz、1370r/min B级、电容20μF/450V 年 月 蓝黄红 广东江门电机股份有限公司	
4	SINGLE PHASE ASYNCHRONOUS MOTOR FOR AIR CONDITIONERS YDK120-8N　WHITE GRAY(H) 220-240V~ 50Hz M RED(L) 220V 8 P C BLACK B CL WHITE 130℃ 2.0A A002864 ROTATION → GUANGDONG WELLING MOTOR MANUFACTURING CO., LTD	
5	YOKOGAWA 99J113 MOTOR IM-H960ZSCB 60W 220V 50/60Hz 4μF 0.8A 1200/1450rpm Yokogawa Sertec Co., Ltd. Made in Japan	

任务实施 2　区分普通电动机和变级调速电动机

1. 看电动机铭牌

从电动机铭牌可以直接区分普通电动机和变级调速电动机。

2. 用万用表检测

断开电动机 U1、V1、W1、U2、V2、W2 六个接线端子,用万用表检测 U、V、W 三相绕组之间是否有阻值。普通电动机三相绕组之间为相互绝缘状态,变级调速电动机三相绕组之间有电阻，且阻值相同。将测量结果填入表 9-3。

3．通电试验

断开电动机 U1、V1、W1、U2、V2、W2 六个接线端子，将三相电源直接接在电动机的 U1、V1、W1 端子上。普通电动机没反应，变级调速电动机能转。

表 9-3　　　　　　　　　　电动机测量表

序号	电动机端子	测量结果
1	U1-U2	
2	V1-V2	
3	W1-W2	
4	U1-V1	
5	V1-W1	
6	W1-U1	
结论		

任务实施 3　兆欧表使用

兆欧表的使用方法及注意事项见表 9-4。

表 9-4　　　　　　　　　　兆欧表使用

项　目	操　作	图示及注意事项
兆欧表的选择	测量 500V 以下的低压电器设备，可选用额定电压为 500V 或 1kV 的兆欧表；测量高压电器设备，需选用额定电压为 2.5kV 或 5kV 的兆欧表	不能用额定电压低的兆欧表测量高压电器设备，否则测量结果不能反映工作状态下的绝缘电阻，但也不能用额定电压过高的兆欧表测量低压设备，否则会产生电压击穿而损坏设备
开路检测	将兆欧表平稳放置，先将 L、E 两端开路，摇动手柄使发动机达到额定转速，这时表头应指在"无穷大"刻度处	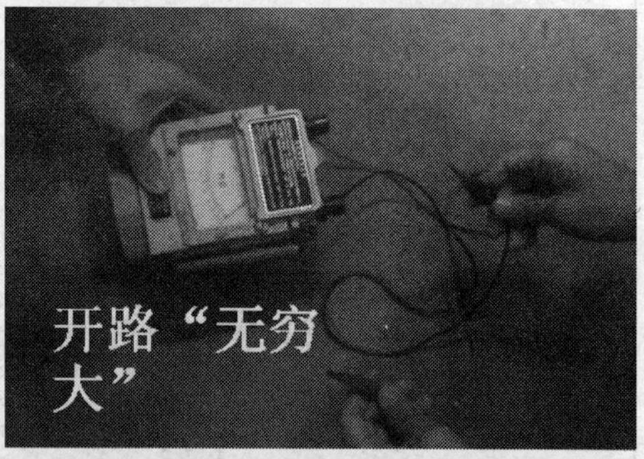 　开路"无穷大"
短路检测	将 L、E 两端短路，缓慢摇动手柄，指针应指在"0"刻度上，若指示不对，说明该兆欧表不能使用，应该进行检修	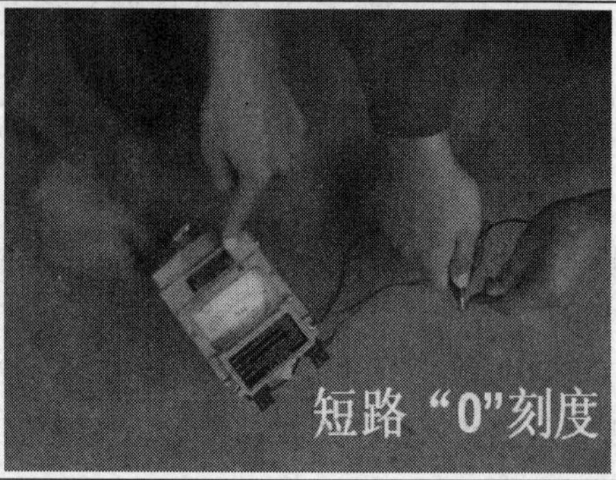 　短路"0"刻度

续表

项 目	操 作	图示及注意事项
测量前放电	用兆欧表测量线路或设备的绝缘电阻，必须在不带电的情况下进行，绝不允许带电测量。测量前应先断开被测线路或设备的电源，并对被测设备进行充分放电，清除残存静电荷，以免危及人身安全或损坏仪表	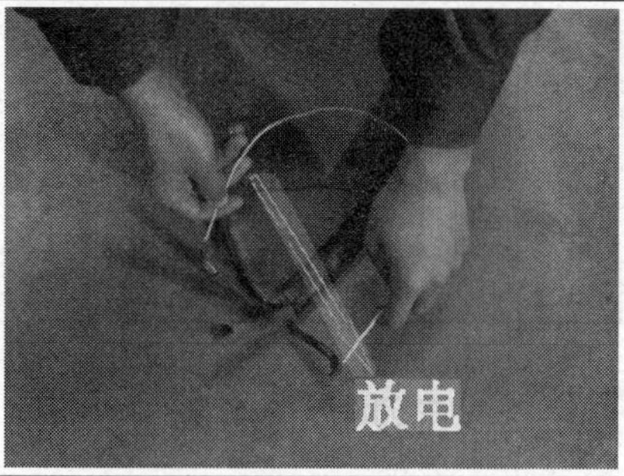 放电
正确接线	兆欧表有三个接线柱，分别标有 L（线路）、E（接地）和 G（屏蔽），测量时将被测绝缘电阻接在 L、E 两个接线柱之间。测量电力线路的绝缘电阻时，将 E 接线柱可靠接地，L 接被测线路；测量电动机、电气设备的绝缘电阻时，将 E 接线柱接设备外壳，L 接电动机绕组或设备内部电路；测量电缆芯线与外壳间的绝缘电阻时，将 E 接线柱接电缆外壳，L 接被测芯线，G 接电缆外壳与芯线之间的绝缘层上	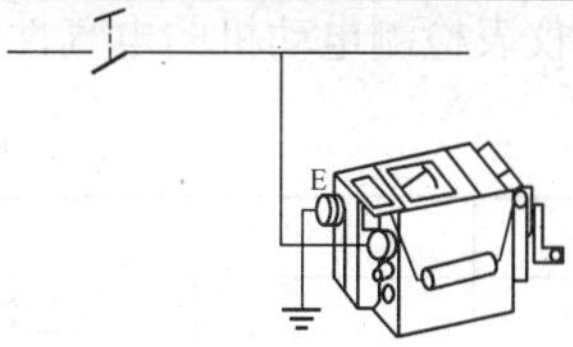 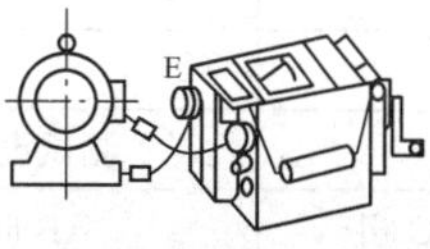 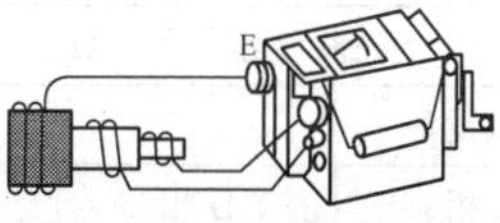 
测量读数	接好线后，按顺时针方向摇动手柄，速度由慢到快，并稳定在 120r/min，约 1min 后从表盘读取数值	
拆除连接线	测量完毕后，在兆欧表没有停止转动或被测设备没有放电之前，不可用手触及被测部位，也不可去拆除连接导线，以免引起触电	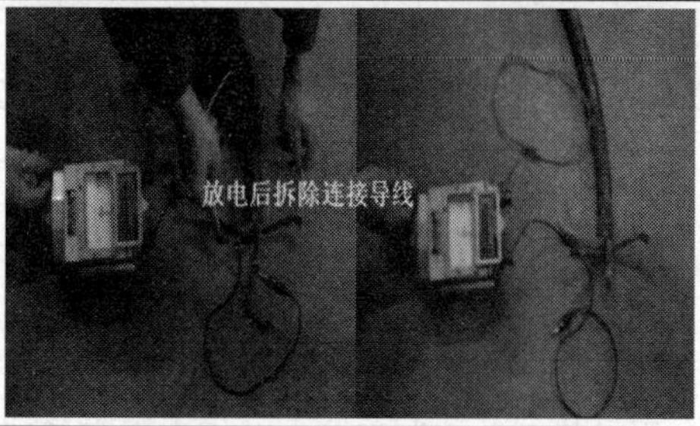 放电后拆除连接导线

续表

项　目	操　作	图示及注意事项
注意 事项	兆欧表测量用的接线要选用绝缘良好的单股导线，测量时两线不能绞在一起，以免导线间的绝缘电阻影响测量结果	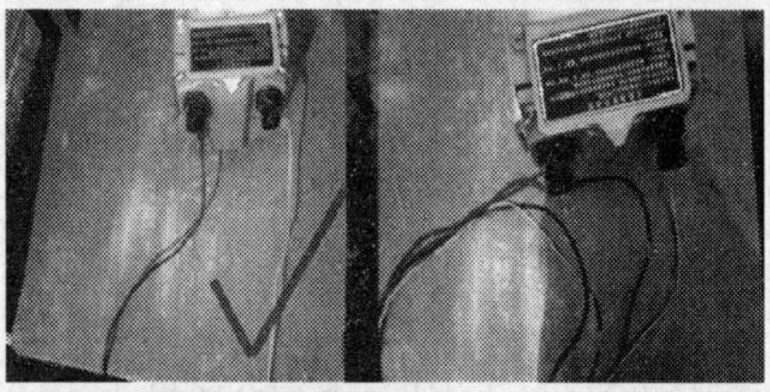

任务实施 4　电动机的检测

用相关工具仪表检测电动机的电气性能和机械性能，并填写入表 9-5 中。

表 9-5　　　　　　　　　　　电动机测试记录

电动机型号				生产厂家			
额定功率（kW）			额定电压（V）			额定电流（A）	
外观情况				轴承及润滑情况			
三相绕组电阻（Ω）				三相绕组相间绝缘（MΩ）			
测试设备				测试设备			
A 相	B 相		C 相	AB 间	AC 间		BC 间
结论				结论			
三相绕组对地绝缘（MΩ）				电流测试			
测试设备				测试设备			
A 相	B 相		C 相	空载电流（A）		负载电流（A）	
				A 相	B 相	C 相	A 相	B 相	C 相
结论							
				结论			
电动机运行期间的声音							
电动机运行期间的震动							
电动机综合评价							
结论							
测试人员签名							

任务实施 5　用转换开关控制双速电动机高低速运转

（1）准备工作。要准备的工具材料有"十"字螺丝刀（3mm、6mm 各一把）、"一"字螺丝刀（3mm）、万用表、导线若干、转换开关等。

（2）画出接线图（见图 9-1）。

（3）接线。

（4）用转换开关控制双速电动机实现高低速运转。

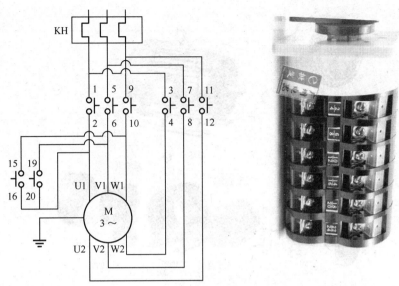

图 9-1　转换开关控制双速电动机

■ 活动评价

根据分组，任务实施活动结束后按表 9-6 进行综合考核。

表 9-6　　　　　　　　　　机床双速主轴控制考核表

课程名称	设备维修基础		学习任务		T09　机床双速主轴控制	
学生姓名			工作小组			
评分内容	分值	自我评分		小组评分	教师评分	得分
兆欧表使用	15					
电动机识别	15					
电路的安装	30					
团结协作	10					
劳动学习态度	10					
安全意识及纪律	20					
权　重		15%		25%	60%	总分：
总体评价	个人评语：					
	教师评语：					

■ 相关知识

相关知识 1　**双速电动机**

1．电动机结构

双速电动机结构如图 9-2 所示。

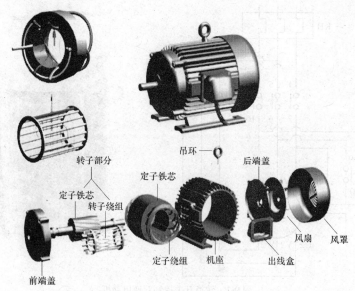

图 9-2　双速电动机结构

2．双速电动机工作原理

双速电动机属于异步电动机变极调速，是通过改变定子绕组的连接方法达到改变定子旋转磁场磁极对数，从而改变电动机的转速。根据异步电动机的同步转速与磁极对数成反比，即磁极对数增加一倍，同步转速下降至原转速的一半，电动机额定转速也将下降近一半的原理，通过改变磁极对数达到改变电动机转速的目的。当然，这种调速方法是有级的，不能平滑调速，而且只适用于鼠笼式电动机。对于主控电路，可采用接触器或者万能转换开关等来构建双速电动机调速电路。

图 9-3（a）所示为 4/2 极双速电动机定子绕组采用△形联结，此时电动机磁极为 4 极，同步转速为 1500r/min，电动机低速运转。

图 9-3（b）所示为 4/2 极双速电动机定子绕组采用 Y 形联结，此时电动机磁极为 2 极，同步转速为 3000r/min，电动机高速运转。

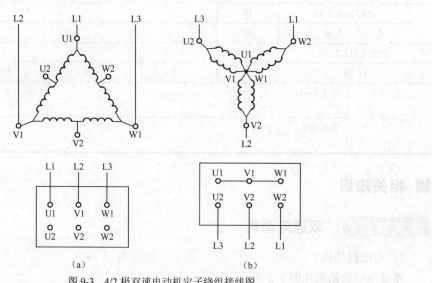

图 9-3　4/2 极双速电动机定子绕组接线图

相关知识 2 机床主轴双速电动机控制

1. 万能转换开关控制双速电动机运行

万能转换开关控制双速电动机运行电路图如图 9-4 所示。

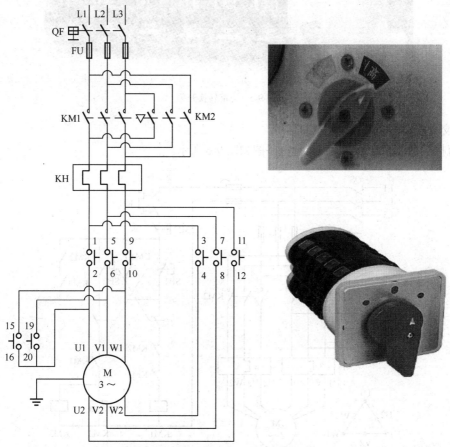

图 9-4　万能转换开关控制双速电动机运行电路图

（1）当启动电动机进行正转时，KM1 线圈得电，KM1 主触头闭合，KM2 失电，电动机开始正转运动。

（2）当启动电动机进行反转时，KM2 线圈得电，KM2 主触头闭合，KM1 失电，电动机开始反转运动。

（3）当启动电动机进行低速运转时，1-2、5-6、9-10 闭合，3-4、7-8、11-12、15-16、19-20 断开，电动机低速运转。

（4）当启动电动机进行高速运转时，3-4、7-8、11-12、15-16、19-20 闭合，1-2、5-6、9-10 断开，电动机高速运转。

■ 小知识：认识万能转换开关

万能转换开关如图 9-5 所示，它是一种多挡位、多段式、控制多回路的主令电器，在双速电动机电路中用于高低速的切换。

图 9-5　万能转换开关

2．交流接触器控制双速电动机运行

交流接触器控制双速电动机运行电路图如图 9-6 所示。

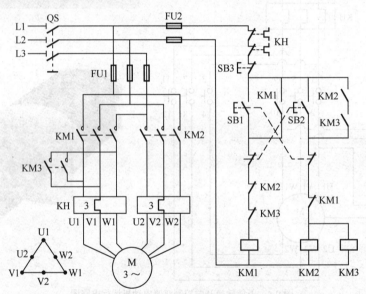

图 9-6　交流接触器控制双速电动机运行电路图

低速：按下 SB1，KM1 得电，电动机低速运行。

高速：按下 SB2，KM2 和 KM3 同时得电，电动机高速运行。

■ 知识拓展

知识拓展 1　机床电气故障检修方法

1．直观法

直观法是根据电气故障的外部表现，通过问、看、听、摸、闻等手段，检查、判定故障的方法。

（1）问：向现场操作人员了解故障发生前后的情况。如故障发生前是否过载、频繁启动和停止；故障发生时是否有异常声音和振动，有没有冒烟、冒火等现象。

（2）看：仔细察看各种电器元件的外观变化情况。如看触点是否烧融、氧化，熔断器熔体熔断指示器是否跳出，热继电器是否脱扣，导线和接头是否烧焦，热继电器整定值是否合适，瞬时动作整定电流是否符合要求等。

（3）听：主要听有关电器在故障发生前后声音是否有差异。如听电动机启动时是否只"嗡嗡"响而不转，接触器线圈得电后是否噪声很大等。

（4）摸：故障发生后，断开电源，用手触摸或轻轻推拉导线及电器的某些部位，以察觉异常变化。如摸电动机表面，感觉湿度是否过高；轻拉导线，看连接是否松动；轻推电器活动机构，看移动是否灵活等。

（5）闻：故障出现后，断开电源，将鼻子靠近电动机、继电器、接触器、绝缘导线等处，闻闻是否有焦味。如有焦味，则表明电器绝缘层已被烧坏，主要原因则是过载、短路或三相电流严重不平衡等故障所造成。

2．测量法

机床线路检测方法见表 9-7。

表 9-7 　　　　　　　　　　　　机床线路检测

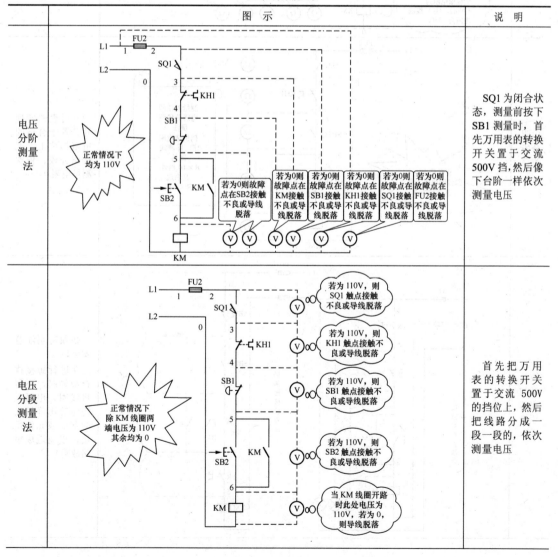

图示	说明
电压分阶测量法	SQ1 为闭合状态，测量前按下 SB1 测量时，首先万用表的转换开关置于交流 500V 挡，然后像下台阶一样依次测量电压
电压分段测量法	首先把万用表的转换开关置于交流 500V 的挡位上，然后把线路分成一段一段的，依次测量电压

图 示	说 明

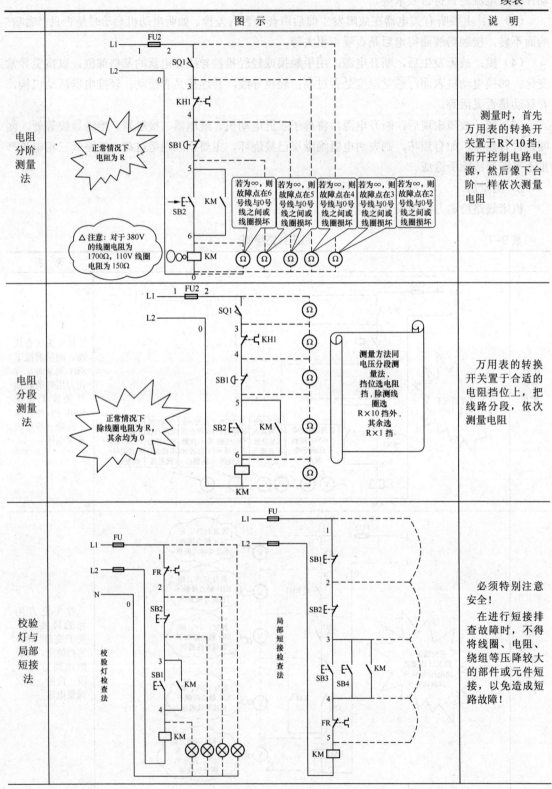

电阻分阶测量法

正常情况下电阻为R

若为∞，则故障点在6号线与0号线之间或线圈损坏

若为∞，则故障点在5号线与0号线之间或线圈损坏

若为∞，则故障点在4号线与0号线之间或线圈损坏

若为∞，则故障点在3号线与0号线之间或线圈损坏

若为∞，则故障点在2号线与0号线之间或线圈损坏

△注意：对于380V的线圈电阻为1700Ω，110V线圈电阻为150Ω

测量时，首先万用表的转换开关置于R×10挡，断开控制电路电源，然后像下台阶一样依次测量电阻

电阻分段测量法

正常情况下除线圈电阻为R，其余均为0

测量方法同电压分段测量法，挡位选电阻挡，除测线圈选R×10挡外，其余选R×1挡

万用表的转换开关置于合适的电阻挡位上，把线路分段，依次测量电阻

校验灯与局部短接法

校验灯检查法

局部短接检查法

必须特别注意安全！

在进行短接排查故障时，不得将线圈、电阻、绕组等压降较大的部件或元件短接，以免造成短路故障！

续表

	图　示	说　明
主电路检测	L1 FU U10 QF U11 L2 V10 V11 L3 W10 W11 U12 V12 W12 KM KH 1U 1V 1W M 3～ M1 7.5kW 1450r/min	通电测量电源端 1U－1V、1U－1W、1V－1W 之间的电压。若均为 380V，说明 1U、1V、1W 至电源无故障，可进行下一步测量

注意

（1）进行通电检查时，双脚必须站在绝缘垫上，尽量采用单手操作。

（2）检测时，注意万用表挡位的选择，先看挡位再测量。

（3）用电阻测量法检查故障时，一定要先切断电源。

（4）电阻法测量时，所测量电路若与其他电路并联，必须将该电路与其他电路断开，否则所测电阻值不准确。

（5）排除故障时，必须修复故障点，但不得采用元件代换。

（6）检修时，严禁扩大故障范围或产生新的故障。

（7）带电检修时，必须有指导教师监护，以确保安全。

3．对比法、置换元件法、逐步开路（或接入）法

（1）对比法：把检测数据与图纸资料及平时记录的正常参数相比较来判定故障。对无资料又无平时记录的电器，可与同型号的完好电器相比较。电路中的电器元件属于同样控制性质或多个元件共同控制同一设备时，可以利用其他相似的或同一电源的元件动作情况来判定故障。

（2）置换元件法：某些电路的故障原因不易确定或检查时间过长时，为了保证电气设备的利用率，可置换同一型号性能良好的元器件实验，以证实故障是否由此电器引起。运用置换元件法检查时应注意，当把原电器拆下后，要认真检查是否已经损坏，只有肯定是由于该电器本身因素造成损坏时，才能换上新电器，以免新换元件再次损坏。

（3）逐步开路（或接入）法：多支路并联且控制较复杂的电路短路或接地时，一般有明显的外部表现，如冒烟、有火花等。电动机内部或带有护罩的电路短路、接地时，除熔断器熔断外，不易发现其他外部现象。这种情况可采用逐步开路（或接入）法检查。

① 逐步开路法。碰到难以检查的短路或接地故障，可重新更换熔体，把多支路交联电路，一路一路逐步或重点地从电路中断开，然后通电试验，若熔断器一再熔断，故障就在刚刚断开

的这条电路上。然后再将这条支路分成几段，逐段地接入电路。当接入某段电路时熔断器又熔断，故障就在这段电路及某电器元件上。这种方法简单，但容易把损坏不严重的电器元件彻底烧毁。

② 逐步接入法。电路出现短路或接地故障时，换上新熔断器逐步或重点地将各支路一条一条地接入电源，重新试验。当接到某段时熔断器又熔断，故障就在刚刚接入的这条电路及其所包含的电器元件上。

4．强迫闭合法

在排除电器故障时，经过直观检查后没有找到故障点，而手边也没有适当的仪表进行测量，可用一绝缘棒将有关继电器、接触器、电磁铁等用外力强行按下，使其常开触点闭合，然后观察电器部分或机械部分出现的各种现象，如电动机从不转到转动，设备相应的部分从不动到正常运行等。

在实际维修工作中，出现故障不是千篇一律的，就是同一种故障现象，发生的部位也不一定相同。因此，采用以上介绍的步骤和方法时，不能生搬硬套，而应按不同的情况灵活运用，妥善处理。

知识拓展 2　三相异步电动机常见故障原因及排除

三相异步电动机常见故障原因及排除见表 9-8。

表 9-8　　　　　三相异步电动机常见故障原因及排除

故障现象	故障原因	故障排除
通电后电动机不能转动，但无异响，也无异味和冒烟	① 电源未通（至少两相未通）； ② 熔丝熔断（至少两相熔断）； ③ 过流继电器整定值调得过小； ④ 控制设备接线错误	① 检查电源回路开关、熔丝、接线盒处是否有断点，修复； ② 检查熔丝型号、熔断原因，换新熔丝； ③ 调节继电器整定值与电动机配合； ④ 改正接线
通电后电动机不转，然后熔丝烧断	① 缺一相电源，或定子线圈一相反接； ② 定子绕组相间短路； ③ 定子绕组接地； ④ 定子绕组接线错误； ⑤ 熔丝截面过小； ⑥ 电源线短路或接地	① 检查刀闸是否有一相未合好，电源回路是否有一相断线；消除反接故障； ② 查出短路点，予以修复； ③ 消除接地； ④ 查出误接，予以更正； ⑤ 更换熔丝； ⑥ 消除接地点
通电后电动机不转，有嗡嗡声	① 定子、转子绕组有断路（一相断线）或电源一相失电； ② 绕组引出线始末端接错或绕组内部接反； ③ 电源回路接点松动，接触电阻大； ④ 电动机负载过大或转子卡住； ⑤ 电源电压过低； ⑥ 小型电动机装配太紧或轴承内油脂过硬； ⑦ 轴承卡住	① 查明断点，予以修复； ② 检查绕组极性，判断绕组末端是否正确； ③ 紧固松动的接线螺钉，用万用表判断各接头是否假接，予以修复； ④ 减载或查出并消除机械故障； ⑤ 检查是否把规定的△接法误接为 Y 接法；是否由于电源导线过细使压降过大，予以纠正； ⑥ 重新装配使之灵活，更换合格油脂； ⑦ 修复轴承

续表

故障现象	故障原因	故障排除
电动机启动困难，额定负载时，电动机转速低于额定转速较多	① 电源电压过低； ② △接法电机误接为Y接法； ③ 笼形转子开焊或断裂； ④ 定子或转子局部线圈错接、接反； ⑤ 修复电机绕组时增加匝数过多； ⑥ 电机过载	① 测量电源电压，设法改善； ② 纠正接法； ③ 检查开焊和断点并修复； ④ 查出误接处，予以改正； ⑤ 恢复正确匝数； ⑥ 减载
电动机空载电流不平衡，三相相差大	① 重绕时，定子三相绕组匝数不相等； ② 绕组首尾端接错； ③ 电源电压不平衡； ④ 绕组存在匝间短路、线圈反接等故障	① 重新绕制定子绕组； ② 检查并纠正； ③ 测量电源电压，设法消除不平衡； ④ 消除绕组故障
电动机空载、过负载时，电流表指针不稳、摆动	① 笼形转子导条开焊或断条； ② 绕线型转子故障（一相断路）或电刷、集电环短路装置接触不良	① 拆出断条，予以修复或更换转子； ② 检查转子回路并加以修复
电动机空载电流平衡，但数值大	① 修复时，定子绕组匝数减少过多； ② 电源电压过高； ③ Y接法电动机误接为△接法； ④ 电机装配中，转子装反，使定子铁芯未对齐，有效长度减短； ⑤ 气隙过大或不均匀； ⑥ 大修拆除旧绕组时，使用热拆法不当，使铁芯烧损	① 重绕定子绕组，恢复正确匝数； ② 设法恢复额定电压； ③ 改接为Y接法； ④ 重新装配； ⑤ 更换新转子或调整气隙； ⑥ 检修铁芯或重新计算绕组，适当增加匝数
电动机运行时响声不正常，有异响	① 转子与定子绝缘纸或槽楔相擦； ② 轴承磨损或油内有砂粒等； ③ 定子、转子铁芯松动； ④ 轴承缺油； ⑤ 风道堵塞或风扇擦风罩； ⑥ 定子、转子铁芯相擦； ⑦ 电源电压过高或不平衡； ⑧ 定子绕组错接或短路	① 修剪绝缘，削低槽楔； ② 更换轴承或清洗轴承； ③ 检修定子、转子铁芯； ④ 加油； ⑤ 清理风道，重新安装； ⑥ 消除擦痕，必要时车削转子； ⑦ 检查并调整电源电压； ⑧ 消除定子绕组故障
运行中电动机振动较大	① 由于磨损轴承间隙过大； ② 气隙不均匀； ③ 转子不平衡； ④ 转轴弯曲； ⑤ 铁芯变形或松动； ⑥ 联轴器（皮带轮）中心未校正； ⑦ 风扇不平衡； ⑧ 机壳或基础强度不够； ⑨ 电动机地脚螺钉松动； ⑩ 笼形转子开焊断路，绕线转子断路，定子绕组故障	① 检修轴承，必要时更换； ② 调整气隙，使之均匀； ③ 校正转子动平衡； ④ 校直转轴； ⑤ 校正重叠铁芯； ⑥ 重新校正，使之符合规定； ⑦ 检修风扇，校正平衡，纠正其几何形状； ⑧ 进行加固； ⑨ 紧固地脚螺钉； ⑩ 修复转子绕组，修复定子绕组

续表

故障现象	故障原因	故障排除
轴承过热	① 滑脂过多或过少； ② 油质不好含有杂质； ③ 轴承与轴颈或端盖配合不当（过松或过紧）； ④ 轴承内孔偏心，与轴相擦； ⑤ 电动机端盖或轴承盖未装平； ⑥ 电动机与负载间联轴器未校正，或皮带过紧； ⑦ 轴承间隙过大或过小； ⑧ 电动机轴弯曲	① 按规定加润滑脂（容积的 1/3～2/3）； ② 更换清洁的润滑脂； ③ 过松可用粘结剂修复，过紧应车、磨轴颈或端盖内孔，使之适合； ④ 修理轴承盖，消除擦点； ⑤ 重新装配； ⑥ 重新校正，调整皮带张力； ⑦ 更换新轴承； ⑧ 校正电动机轴或更换转子
电动机过热甚至冒烟	① 电源电压过高，使铁芯发热大大增加； ② 电源电压过低，且又带额定负载运行，电流过大使绕组发热； ③ 修理拆除绕组时，采用热拆法不当，烧伤铁芯； ④ 定子、转子铁芯相擦； ⑤ 电动机过载或频繁启动； ⑥ 笼形转子断条； ⑦ 电动机缺相，两相运行； ⑧ 重绕后定子绕组浸漆不充分； ⑨ 环境温度高，电动机表面污垢多，或通风道堵塞； ⑩ 电动机风扇故障，通风不良；定子绕组故障（相间、匝间短路，定子绕组内部连接错误）	① 降低电源电压（如调整供电变压器分接头），若是电机 Y、△接法错误引起，则应改正接法； ② 提高电源电压或换粗供电导线； ③ 检修铁芯，排除故障； ④ 消除擦点（调整气隙或锉、车转子）； ⑤ 减载，按规定次数控制启动； ⑥ 检查并消除转子绕组故障； ⑦ 恢复三相运行； ⑧ 采用二次浸漆及真空浸漆工艺； ⑨ 清洗电动机，改善环境温度，采用降温措施； ⑩ 检查并修复风扇，必要时更换；检修定子绕组，消除故障

课后练习

1. 故障判断

图 9-7 所示为一电动机控制主电路，现在出现故障，KM 闭合时电动机不转。请问导致此故障的原因是什么？

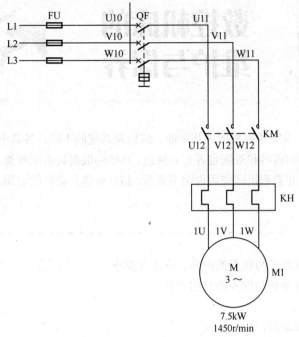

图 9-7　电动机控制主电路

2. 元件替换

如果机床上控制电动机的交流接触器坏了，需要购买更换。要注意些什么？

课后思考

一数控车床主轴采用变级电动机结合齿轮箱进行调速。操作者在操作时发现电动机低速运行一段时间会停转，高速正常。问题可能出在哪里？怎样解决？

任务十 10 数控机床的维护与保养

数控机床种类多，各类数控机床因其功能、结构及系统的不同，各具不同的特性。其维护保养的内容和规则也各有其特色，具体应根据其机床种类、型号及实际使用情况，并参照机床使用说明书要求，制订和建立必要的定期、定级保养制度。

■ **本任务学习目标**

   1. 掌握数控机床维护与保养的内容、方法和要求。

   2. 了解数控机床维护与保养的目的和意义。

■ **本任务建议课时**

   中职班：6   高职班：6

■ **本任务工作流程**

   1. 导入新课。

   2. 检查讲评学生完成导读工作页情况。

   3. 对照数控机床实物，进行维护保养作业示范。

   4. 组织学生进行数控机床保养作业实习。

   5. 巡回指导学生实习。

   6. 结合数控机床维护保养及影像资料，进行理论讲解。

   7. 组织学生"拓展问题"讨论。

   8. 本任务学习测试。

   9. 测试结束后，组织学生填写活动评价表。

   10. 小结学生学习情况。

■ **本任务教学准备**

   数控机床维护保养资料及课件、数控车床 2 台、加工中心 2 台、本任务学习测试资料。

■ **课前导读**

   看图识物。请根据常识或查询资料，在表 10-1 右栏中写出每个元件的名称和作用。

表 10-1　　　　　　　　　　　　　机床零部件

序号	图片	名称和作用
1		部件名称：_____ 作　用：_____ _____ _____
		部件名称：_____ 作　用：_____ _____ _____
2		部件名称：_____ 作　用：_____ _____ _____
		部件名称：_____ 作　用：_____ _____ _____
3		部件名称：_____ 作　用：_____ _____ _____
4		部件名称：_____ 作　用：_____ _____ _____

续表

序号	图片	名称和作用
5		部件名称：_____ 作　用：_____ _____ _____
6		部件名称：_____ 作　用：_____ _____ _____
7		部件名称：_____ 作　用：_____ _____ _____
8		部件名称：_____ 作　用：_____ _____ _____
9		部件名称：_____ 作　用：_____ _____ _____
10		部件名称：_____ 作　用：_____ _____ _____
11		部件名称：_____ 作　用：_____ _____ _____

续表

序号	图片	名称和作用
12		部件名称：_____ 作　用：_____ _____ _____
13		部件名称：_____ 作　用：_____ _____ _____
14		部件名称：_____ 作　用：_____ _____ _____
15		部件名称：_____ 作　用：_____ _____ _____
16		部件名称：_____ 作　用：_____ _____ _____
17		部件名称：_____ 作　用：_____ _____ _____

续表

序号	图片	名称和作用
18		部件名称：_____ 作　用：_____
19	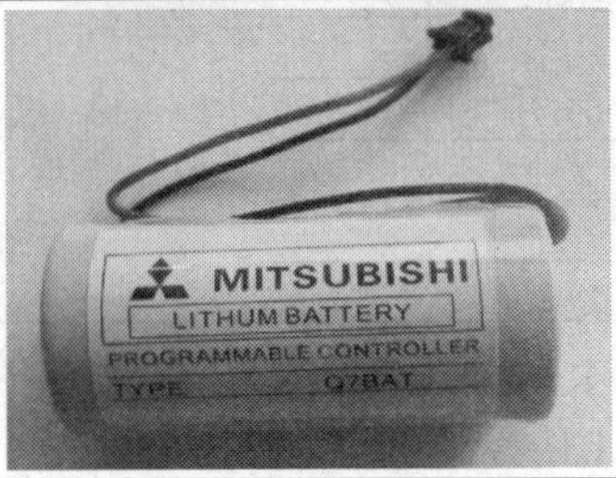	部件名称：_____ 作　用：_____

■ 情景描述

不同用户机床维修率不同

　　某机床厂某年销售某型号机床 500 台，销往国企车间 400 台，个体加工厂 100 台。3 年以后，该机床厂发现销往国企的机床维修率很低，而销往个体加工厂的机床维修率特别高，有的甚至接近报废。后来经过调查，国企车间的机床和个体加工厂的机床使用频率接近，请你分析其原因。

■ 任务实施

任务实施 1　分门别类

　　数控机床包含机械、电气、液压、气压、各种传感器等零部件。请结合课前导读内容，将表 10-1 内各零部件进行分类，然后将序号填入表 10-2 中。

表 10-2　　　　　　　　　　零部件分类

序号	种类	零部件
1	机械	
2	电气	
3	液压	
4	气压	
5	传感器	

任务实施 2　问题讨论

　　同样的数控机床，不同的管理，不同的操作者，其损坏情况都不一样。请思考如下问题，然后填入表 10-3 中。

1．数控机床损坏的原因有哪些？

2．润滑油有什么作用？

3．机床常见的润滑方式有哪些？

4．如何对机床进行维护和保养？

表 10-3　　　　　　　　　　问题讨论答题卡

问题序号	答案
1	
2	
3	
4	

任务实施3　数控机床维修点检管理

查阅相关数控机床维修点检知识，填写表 10-4。

表 10-4　　　　　　　　　　点检管理表

序　号	项　目	内　　容
1	定点	
2	定标	
3	定期	
4	定项	
5	定人	
6	定法	
7	检查	
8	记录	
9	处理	
10	分析	

任务实施4　制定并绘制数控车床点检表

数控车床点检表见表 10-5。

表 10-5　　　　　　　数控车床点检表　　　　　1——31 日

序号	点检内容											
1	检查电源电压											
2	检查气源压力											
3	检查液压回路											
4	检查润滑是否正常											
5	冷却过滤有无堵塞											
6	主轴定位与换刀动作											
7	主轴孔内有无铁屑											
8	机床罩壳及周围场地											

任务实施5 **车床润滑保养**

1．操作准备

准备好棉纱、油枪、油壶、油桶、2号钙基润滑脂（黄油）、L-AN46全损耗系统用油等。

2．擦拭车床润滑表面

擦拭车床各表面，如图10-1所示。

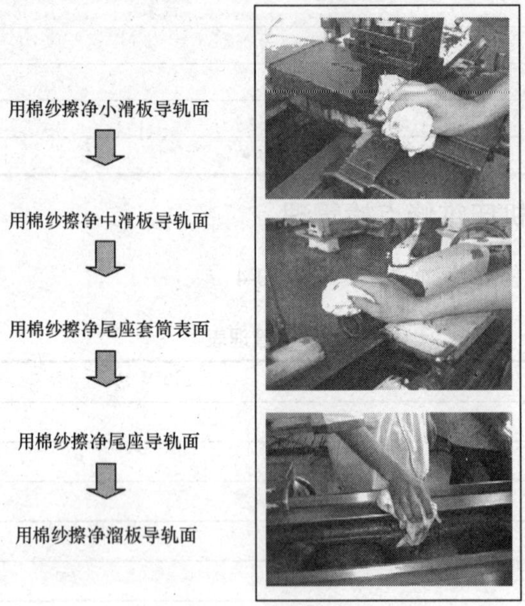

用棉纱擦净小滑板导轨面

⬇

用棉纱擦净中滑板导轨面

⬇

用棉纱擦净尾座套筒表面

⬇

用棉纱擦净尾座导轨面

⬇

用棉纱擦净溜板导轨面

图 10-1　车床润滑保养

任务实施6 **更换数控系统电池**

（1）准备好合格的锂电池，如图10-2所示。

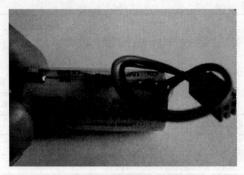

图 10-2　机床用锂电池

（2）接通控制单元的电源。

（3）首先拆下连接器，然后从电池盒中取出电池（见图10-3）。

电池盒：若是无插槽的单元位于单元的上部右边，若是带有插槽的单元则在上部靠中（夹在两风扇之间）位置。

（4）更换电池，连接上连接器。

图 10-3　锂电池在数控系统上的位置

更换电池的步骤应在 10min 内完成。请注意，如果电池脱开的时间太长，存储器中的内容将会丢失。

 注意　在更换电池时，务须在接通控制单元电源的状态下进行。如果在断开电源的状态下拆下用于存储器备份的电池，存储器中的数据有可能丢失。

■ 活动评价

根据分组，任务实施活动结束后按表 10-6 进行综合考核。

表 10-6　　　　　　　　　　　数控机床维护保养考核表

课程名称		设备维修基础	学习任务		T10　数控机床的维护与保养	
学生姓名			工作小组			
评分内容	分值	自我评分	小组评分		教师评分	得分
机床零部件的认识	15					
机床的维护保养	15					
更换数控系统电池	30					
团结协作	10					
劳动学习态度	10					
安全意识及纪律	20					
权　重		15%	25%		60%	总分：
总体评价	个人评语：					
	教师评语：					

■ 相关知识

相关知识 1　**数控机床维护保养**

数控机床各部件维护保养要点见表 10-7。

表 10-7　　　　　　　　　　　　数控机床各部件维护保养要点

序　号	部件及维护保养要点
1	手动打油按钮　油压指示 3～5kg/mm²　给油口　每天检查润滑油是否足够，不足时及时添加，使用高品质 68 号润滑油
2	滤油网　每月定期检查给油口滤网，清除杂质
3	滤油网　使用专用油桶加润滑油，避免与别种油品混合；并且油桶须加盖，以防异物进入　每年对整个润滑油箱清洗一次
4	每隔一月卸除机床后面防护板，找到此处油排，逐个拆开油排各接口，检查是否有油通过　每隔一月卸除机床后面防护板，找到此处油排，逐个拆开油排各接口，检查是否有油通过

续表

序　号	部件及维护保养要点

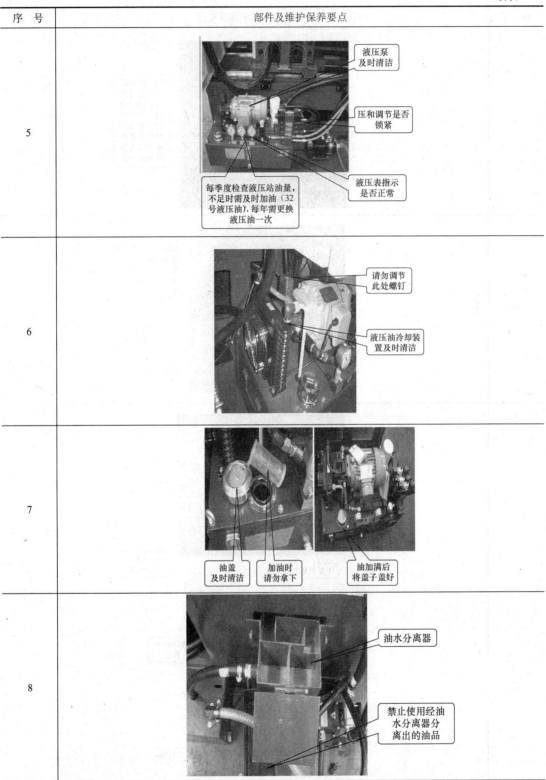

5

液压泵
及时清洁

压和调节是否
锁紧

液压表指示
是否正常

每季度检查液压站油量，
不足时需及时加油（32
号液压油），每年需更换
液压油一次

6

请勿调节
此处螺钉

液压油冷却装
置及时清洁

7

油盖
及时清洁

加油时
请勿拿下

油加满后
将盖子盖好

8

油水分离器

禁止使用经油
水分离器分
离出的油品

序　号	部件及维护保养要点
9	注油口 每月检查数控车床刀塔齿轮箱的油量，不足时需及时加油。每年需要更换刀塔齿轮箱油品一次
10	每周给数控车床油压尾座心轴添加润滑油脂（加工中使用尾座时），不可缺油 注意防锈
11	不要积聚太多铁屑 不要积聚太多铁屑 刀塔注意防锈
12	及时清洁铁屑 注意防锈 注油口

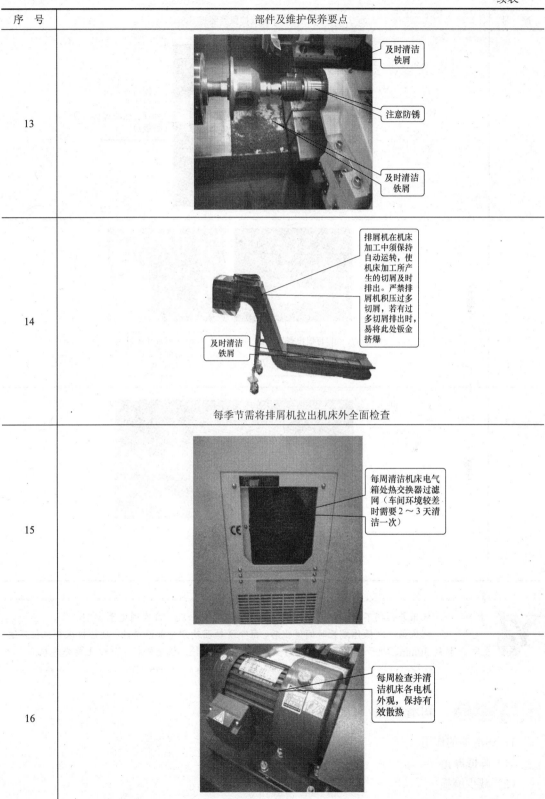

序 号	部件及维护保养要点
13	及时清洁铁屑 注意防锈 及时清洁铁屑
14	排屑机在机床加工中须保持自动运转，使机床加工所产生的切屑及时排出。严禁排屑机积压过多切屑，若有过多切屑排出时，易将此处钣金挤爆 及时清洁铁屑 每季节需将排屑机拉出机床外全面检查
15	每周清洁机床电气箱处热交换器过滤网（车间环境较差时需要2～3天清洁一次）
16	每周检查并清洁机床各电机外观，保持有效散热

续表

序　号	部件及维护保养要点
17	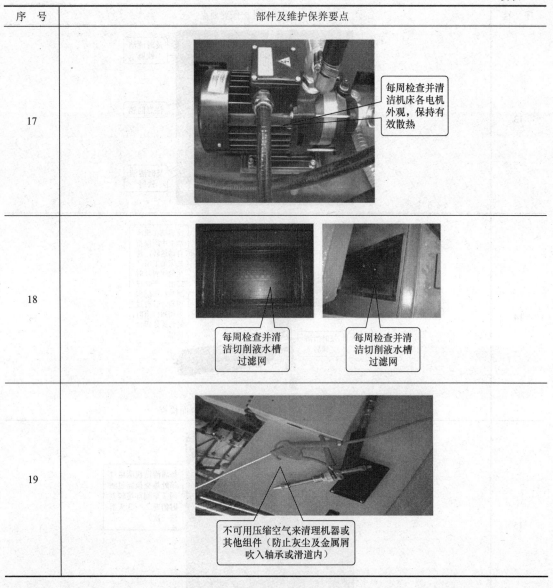
18	
19	

 机床若长期不用，需定期通电：每周通电至少一次，每次通电至少 1h。

机床第一次操作或长时间停止后，每个滑轨面均须先加润滑油，故让机床开机但不运转约 30min，便于润滑油泵将油打至滑轨面后再运转。机床停机 12h 以上要先暖机。

相关知识 2　**润滑知识**

1. 润滑油的作用

（1）降低摩擦；

（2）减少磨损；

（3）冷却作用；

（4）防锈作用；

（5）传递动力；

（6）密封作用；

（7）减震作用；

（8）清洁作用。

2．轴承润滑方法

（1）滑动轴承（见图 10-4）润滑脂选择。

① 当轴承载荷大、轴颈转速低时，应选针入度较小（号数大）的润滑脂，反之应选针入度较大的润滑脂。

② 润滑脂的滴点一般高于工作温度 20～30℃。

③ 滑动轴承在水淋或潮湿环境里工作时，应选用钙基、铝基或锂基润滑脂；环境温度较高工作时，用钙钠基润滑脂或合成脂。

④ 滑动轴承润滑脂应具较好的黏附性能。

图 10-4　滑动轴承

（2）滚动轴承（见图 10-5）润滑剂分为润滑脂和润滑油。润滑脂的选择应考虑速度、载荷、温度、环境和供脂方法等因素。滚动轴承 80%用润滑脂。

（3）可采用集中供脂或手工加脂、或在装配时填入润滑脂。使用脂枪或压注油杯进行手工加脂。

需注意的要点：

① 轴承里面要填满，多个轴承之间的间隙也要填满。

② 对水平轴、外轴承盖的空隙应只填 1/2～3/4。

③ 对立轴、上轴承盖填 1/2，下轴承盖填 3/4。

④ 在脏的环境中工作，低速轴承应把轴承和轴承盖全填满。

图 10-5　滚动轴承

3．齿轮（见图 10-6）润滑方法

（1）直齿、斜齿圆柱齿轮，用手刷上或擦上齿轮油；直齿圆锥齿轮、低速外露齿轮，用齿轮油润滑。

（2）直齿圆锥齿轮：油浴、飞溅润滑，中速封闭齿轮箱，用 60～90 号机械油或齿轮油。

（3）人字齿轮：压力循环送油，机床、汽轮机减速齿轮，用 46～57 号汽轮机油带挤压添加剂。

图 10-6　齿轮

（4）蜗轮、蜗杆：油浴、飞溅，电梯、传动装置减速机，用齿轮油、汽缸油。

（5）双曲线齿轮：油浴、喷油、飞溅，汽车、拖拉机，用齿轮油。

（6）齿轮、齿条：外露的用手刷子或油壶加油，往复运动的机件、提升机构、电炉，用齿轮油。

4．链条（见图 10-7）润滑方法

（1）无声链：人工用手刷子或油壶加油，暴露外面的重负荷 200m/min 以内低速粗糙装置，用 50～90 号机械油、汽缸油。

（2）滚子链：

① 油浴或飞溅：500 米/分以内速度的封闭装置，用 40～70 号机械油。

图 10-7　链条

② 链条表面上滴油润滑：中等速度的封闭装置，用 30～60 号机械油。

③ 利用油轮或甩油片将油带到链条上面，甩到链条中：速度 500～1000m/min 的封闭无声链，用 30～70 号机械油。

④ 喷油或油雾:速度超过 1000m/min 的封闭无声链，用 30～70 号机械油。

⑤ 压油循环润滑：由主轴传动的高速封闭油泵，用 30～70 号机械油。

■ 知识拓展

知识拓展 1 **机床维护保养知识**

1．数控机床维护与保养的目的和意义

（1）延长平均无故障时间,增加机床的开动率。

（2）便于及早发现故障隐患,避免停机损失。

（3）保持数控设备的加工精度。

2．数控机床维护与保养的基本要求

（1）在思想上重视维护与保养工作。

（2）提高操作人员的综合素质。

（3）保持数控机床良好的使用环境。

（4）严格遵循正确的操作规程。

（5）提高数控机床的开动率。

（6）要冷静对待机床故障，不可盲目处理。

（7）严格执行数控机床管理的规章制度。

3．数控机床维护与保养内容

数控机床维修与保养内容见表 10-8。

表 10-8　　　　　　　　　　数控机床维护与保养内容

序　号	检查周期	检查部位	检查内容
1	每天	导轨润滑机构	油标、润滑泵，每天使用前手动打油润滑导轨
2	每天	导轨	清理切屑及脏物，滑动导轨检查有无划痕，滚动导轨检查润滑情况
3	每天	液压系统	油箱泵有无异常噪声，工作油面高度是否合适，压力表指示是否正常，有无泄漏
4	每天	主轴润滑油箱	油量、油质、温度、有无泄漏
5	每天	液压平衡系统	工作是否正常
6	每天	气源自动分水过滤器	及时清理分水器中过滤出的水分，检查压力
7	每天	电器箱散热、通风装置	冷却风扇工作是否正常，过滤器有无堵塞，及时清洗过滤器
8	每天	各种防护罩	有无松动、漏水，特别是导轨防护装置
9	每天	机床液压系统	液压泵有无噪声，压力表示数是否正常，各接头有无松动，油面是否正常
10	每周	空气过滤器	坚持每周清洗一次，保持无尘、通畅，发现损坏及时更换
11	每周	电气柜过滤网	清洗黏附的尘土
12	半年	滚珠丝杠	清洗丝杠上的旧润滑脂，换新润滑脂

续表

序 号	检查周期	检查部位	检查内容
13	半年	液压油路	清洗各类阀、过滤器，清洗油箱底，换油
14	半年	主轴润滑箱	清洗过滤器、油箱，更换润滑油
15	半年	各轴导轨上镶条，压紧滚轮	按说明书要求调整松紧状态
16	一年	检查和更换电机碳刷	检查换向器表面，去除毛刺，吹净碳粉，磨损过多的碳刷及时更换
17	一年	冷却油泵过滤	清洗冷却油池，更换过滤器
18	不定期	主轴电动机冷却风扇	除尘，清理异物
19	不定期	运屑器	清理切屑，检查是否卡住
20	不定期	电源	供电网络大修，停电后检查电源的相序、电压
21	不定期	电动机传动带	调整传动带松紧
22	不定期	刀库	刀库定位情况，机械手相对主轴的位置
23	不定期	冷却液箱	随时检查液面高度，及时添加冷却液，太脏应及时更换

知识拓展 2 机油油质简单判别

1. 机油检测的法宝——慢速定性试纸

使用慢速定性试纸对机油进行检测，便能测定机油里面所含的不同成分的状况，从而判断机油是否已经老化。

2. 测试的方法与过程

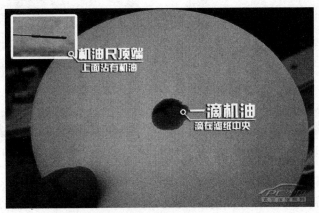

图 10-8 测试方法

取出机油尺，在慢速定性试纸上滴一滴机油尺上的机油（见图 10-8），把试纸水平放置，静待 24h。试纸上将出现 3 个环，如图 10-9 所示。

（1）沉积环在斑点的中心，是油内粗颗粒杂质沉积物集中的地方，由沉积环颜色的深浅可粗略判断油被污染的程度。

（2）在沉积环外围的环带叫扩散环，它是悬浮在油内的细颗粒杂质向外扩散留下的痕迹。颗粒越细，扩散的越远。扩散环的宽窄和颜色的均匀程度是判断机油油质的重要标准，它表示油内添加剂对污染杂质的分散能力。

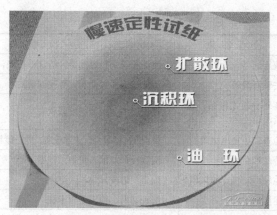

图 10-9　机油在试纸上出现的油斑

（3）油环在扩散环的外围，颜色由浅黄到棕红色，表示油的氧化程度。

3．表示机油质量的四个等级

一级：油斑的沉积区和扩散区之间无明显界限，整个油斑颜色均匀，油环淡而明亮，油质量良好（见图10-10）。

二级：沉积环色深，扩散环较宽，有明显分界线，油环为不同深度的黄色，油质已污染，机油尚可使用（见图10-11）。

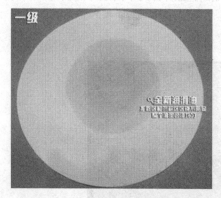

图 10-10　一级油斑

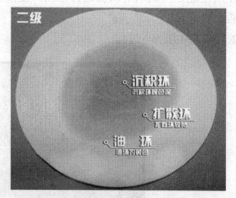

图 10-11　二级油斑

三级：沉积环深黑色，沉积物密集，扩散环窄，油环颜色变深，油质已经劣化（见图10-12）。

四级：只有中心沉积环和油环，没有扩散环，沉积环乌黑，沉积物密而厚稠，不易干燥，油环成深黄色和浅褐色，油质已经氧化变质（见图10-13）。

图 10-12　三级油斑

图 10-13　四级油斑

试验结果：当斑点试验达到三级就需更换了。

4．报废润滑油特征

（1）颜色变深、甚至变为黑色。

（2）流动困难。

（3）在移动零件上留下褐色胶状物。

（4）出现沉淀污垢或固体颗粒。

（5）金属表面出现腐蚀痕迹。

（6）散发出难闻的气味。

知识拓展3　气动三联件

气动三联件包括空气减压阀、过滤器和油雾器，如图10-14所示。其中减压阀可对气源进行稳压，使气源处于恒定状态，可减小因气源气压突变时对阀门或执行器、气动马达等硬件的损伤。过滤器用于对气源的清洁，可过滤压缩空气中的水分，避免水分随气体进入装置。油雾器可对产品运动部件进行润滑，可以对不方便加润滑油的部件进行润滑，大大延长气动马达产品的使用寿命。

图10-14　气动三联件

课后练习

1．对数控机床润滑系统进行保养

检查清洁润滑系统，更换润滑油，检查机床各润滑点润滑情况。

2．故障判断

一台数控机床润滑油箱用油很快，基本上一个星期需要补加一次，且机床冷却液中混合较多的润滑油。仔细观察发现，手动润滑时，油压较低，但润滑油消耗很快。请问故障原因是什么？对机床会造成什么影响？

3．检查并更换数控系统存储器电池

正常情况下，数控系统存储器电池电压是多少伏？更换电池的步骤是什么？要注意哪些问题？

课后思考

某数控车床，工作中经常死机，停电后常丢失车床参数和程序。请分析问题可能出在哪里？为什么会出现这样的现象？怎样解决？